三浦裕史著

近代日本軍制概説

信山社

序

本書では、二〇〇二年五月までの調査に基づいて、旧著『軍制講義案』に対し訂正を加え増補を行った。尚、研究の趣意を明らかにするため、旧著の序文を別に掲げることにする。

敗戦後の日本の国家体制を規定しているのは、一九四六年の日本国憲法と一九五一年の日米安保条約である。日本国憲法は占領下に制定され、君主制の存続を認めた。一方、日米安保条約も占領下に締結され、米軍の駐留権を認めた。

大陸の縁辺に位置する小さな島国は、自らが近代国家であることを叫びつつも、未だに軍隊を立憲化できずにいる。そうした軍隊は法治国家の根幹を揺るがすものであるが、現実には、そうした軍隊が存在することで一定の利益を蒙っている人々が、国の内外にいるのである。

軍制の研究においては、外国との比較が常套である。しかし、単純な比較だけではなく、例えば、戦前の日満関係を戦後の米日関係と対照することも、また比較なのである。近代日本の軍制を考察することは、こうした比較の前提となり、またその成果を活かすことにもなるのである。

二〇〇二年六月

著者

『軍制講義案』序

近代日本の軍制を、憲法体制の一環として把らえ、その法的意義を解明することが、本書の目的である。

内外の政治が事実的権力関係に基づく限り、軍制の意義が失われることはない。たとえ軍制が違憲であっても、そのことに変わりはない。軍制を冷静に考察しない国民は、やがて現実の報復を受けることになるだろう。

一九九六年六月

著者

目　次

総　論

各　論

凡　例

一、本書は、資料の現存状況により、原則として、平時の諸制度を取り扱う。

一、記述及び法令検索の便宜上、原則として、元号を用いた。

　明治四五年＝大正元年＝一九一二年
　大正一五年＝昭和元年＝一九二六年
　大同元年＝昭和七年＝一九三二年
　大同三年＝康徳元年＝昭和九年＝一九三四年

一、法令は、制度の創始、重要な改正、法令形式の変更に関わるものを掲げ、施行の年月日ではなく制定の年月日によって記述した。

一、法令類については、次の要領で略称を用いた。太布＝太政官布告、太達＝太政官達、法＝法律、勅＝勅令、緊勅＝(緊急)勅令、ポ勅＝(ポツダム)勅令、軍＝軍令、皇＝皇室令、閣＝閣令、陸省＝陸軍省令、海省＝海軍省令、内＝内令、官＝官房、官機＝官房機密、政＝政令、一復達＝第一復員省達。教＝(満洲国)教令。外＝号外、無＝無号、全改＝全面改正。

一、明治六年末までの法令類には、番号の整備されていないものがある。これらについては『法令全書』が施した符号により、次のように示した。太254＝太政官第二百五十四、陸15＝陸軍省第十五。

一、法令の一部については、次のように条数を示した。陸軍刑法3＝陸軍刑法第三条。

一、出典に関する註記は、原則として、省略した。但し、このことは、資料参照の意義を減じるものではない。尚、一部に関しては、次の要領で出典を略掲した。貳大＝防衛研究所図書館所蔵

「陸軍省貳大日記」、明紀＝『明治天皇紀』。

一、軍制の動態部分——制度の成立過程や運用の実際——に関しては、後版において更に増補の予定である。

総論

第一章　立憲国家における軍制

第一節　近代国家における軍制と軍隊

軍制は、その実質から見ると、軍隊と軍隊を維持管理する制度に分かれる。軍隊は軍制の核心であり、国家の統治及び安全保障の最終的な手段である。但し、軍隊はあくまで一つの手段に過ぎず、軍隊を保有するだけで統治や安全保障が達成される訳ではない。国家が軍隊を失敗なく保有するためには、軍隊を政治体制の中で合理化すること（軍隊の存在が政治体制の基本原則と矛盾しないようにすること）、軍隊の規模及び内容を国力（特に経済力）に適合させること、そして軍事政策を外交・経済など非軍事政策と連繫調和させることが必要である。

第二節　文権統制主義

軍隊は民主主義や自由主義と矛盾する。徴兵制、厳格な階級制、絶対的服従関係は、平等の理念や個人尊重主義と対立し、君主主義や全体主義と親和性が高い。しかし、国家の安全を保障し、国内の治安秩序を維持するためには、軍隊の存在が不可欠であった。そこで、近代の立憲国家は、民主主義や自由主義の下で軍隊を保持するため、一つの原則を採用した。これが文権統制主義である。

文権（民権）統制主義は、人権保障の観点から、軍隊を統制する憲法上の原理であり、一七七六年のヴァジニア権利章典によって初めて明文化された。即ち、その第一三条は、民兵は人民の自由を護るが、平時の常備軍は人民の自由を侵害する虞れがあるから設置しないと述べ、民権 civil power が、常に、軍隊を支配統制しなければならないと規定している。軍隊の自主性を否定し、一般人民が軍事に関する最終決定権を掌握する旨宣言したのである(1)。文権統制主義は、軍隊を憲法に編入し、憲法において次のような規定を設けた。

一　軍隊の法律化・時限化　　軍隊を議会の統制下に置き、また軍制の制定改廃を容易にする。

（イ）　平時において常備軍を維持するには、議会の同意を要する（一六八九年イギリス権利章典、一七八〇年マサチューセッツ憲法第一部第一七条）。

（ロ）　軍隊の徴募及び維持に関する予算または法律は時限的とし、原則として、一年間に限り有効とする（一七八八年アメリカ合州国憲法第一条第八節、一八三一年ベルギー憲法第一一九条）。

（ハ）　国務大臣は軍事法令に署名し、これにより、元首または議会に対して責任を負う（一八三一年ベルギー憲法第六四条、一九一九年ワイマール憲法第五〇条)。

(ニ)　軍隊の国内における兵力使用は、法律の規定または文官の事前請求に基づく(一七九一年フランス憲法第四編第八条、一七九三年フランス憲法草案第一一編第四条、一八五〇年プロイセン憲法第三六条)。

(ホ)　軍隊が議会付近を通過し、議会付近に駐留し、議会内に立ち入るためには、議会の許可を要する(一七九一年フランス憲法第三編第一章第四節第三条及び第三章第一節第五条)。

二　人権の具体的保護

(ヘ)　軍隊による民家宿営は、住民の同意または法律の規定を要する(2)(一六二八年イギリス権利請願、一六八九年イギリス権利章典、一七八〇年マサチューセッツ憲法第一部第二七条、一七九一年アメリカ合州国憲法修正第三条)。

(ト)　軍隊による民家立ち入りは、令状または法律の規定を要する(一七九一年フランス憲法第四編第九条)。

(チ)　兵員の獲得は、強制徴兵制ではなく、任意募兵制による(一八一四年フランス憲章第一二条、一八九三年ベルギー憲法第一条修正)。

(リ)　軍隊における階級及び服従関係は、軍隊の服務以外に関しては、また服務期間以外においては、存在しない(一七九一年フランス憲法第四編第五条)。

三　軍人の憲法忠誠義務(3)

（ヌ）　軍人は憲法に対して宣誓しなければならない（一九一九年ワイマール憲法第一七六条。尚、一八五〇年プロイセン憲法第一〇八条は、宣誓義務を否定）。

憲法に対する忠誠宣誓は、軍人が、近代的な法意識を所有している場合に限り、実効性を持つ。人間は人間に対して忠誠を誓うことは容易だが、抽象的な理念や一片の文書に対して忠誠を誓うことは困難であり、軍人は、忠誠の対象として、民主主義や憲法よりも君主や最高司令官を好むのである。

四　軍人の政治的権利の制限

（ル）　軍人は評議・集会・結社・請願を行うことができない（一七九一年フランス憲法第四編第一二条、一八五〇年プロイセン憲法第三八条及び第三九条）。

軍隊の非政治化は、自由主義においては「人民を軍隊から護ること」、つまり、軍隊が、その政治的意志に基づき、人民の自由を侵害するのを防止することを意味した。一方、君主主義においては「軍隊を人民から護ること」、つまり、人民の政治的意志が軍隊に浸透するのを防止することであった。

五　人民の武器保有または民兵の設置(4)　軍隊による武器の独占を否定し、軍隊の地位を相対化すると共に人民の抵抗権を実質保障する。

(ヲ)　人民は自衛のため武器を保有携帯することができる(一六八九年イギリス権利章典、一七八〇年マサチューセッツ憲法第一部第一七条、一七九一年アメリカ合州国憲法修正第二条、一七九三年フランス憲法律第一〇九条)。

(ワ)　民兵は人民の自由を護る(一七七六年ヴァジニア権利章典第一三条)。人権の保障には武力を必要とする[5](一七八九年フランス人権宣言第一二条)。

六　民兵の政治的権利の保障　　民兵も市民であるとの観点から、その政治的権利を保障する。

(カ)　選挙人たる民兵は、平時において、投票日に服務を強制されない(一八一九年メイン憲法第三条第三節)。

七　国民に対する武力行使の禁止

(ヨ)　君主が国民に対して武力を行使する場合、その君主は君権を放棄したものと見做される(一七九一年フランス憲法第三編第二章第一節第六条)。

八　軍事独裁者の出現防止

(タ)　軍隊の総司令官を置いてはならない(一七九三年フランス憲法草案第一一編第一〇条、一七九三年フランス憲法律第一一〇条、一七九五年フランス共和国憲法第二八九条)。

(レ)　元首または行政部首長は軍隊を直接統率してはならない(一七九九年ケンタッキー憲法第

三条第八節、一八四八年フランス共和国憲法第五〇条)。

(ソ)　合囲状態の布告は、外国軍の侵攻または国内の反乱の場合に限る(一八一五年フランス帝国憲法追加命令第六六条)。

九　占領下における憲法改正の禁止

(ツ)　国土が外国軍隊の占領下にある場合、憲法を改正してはならない(一九四六年フランス共和国憲法第九四条)。

明治憲法は前掲の規定を殆ど採用せず、文権統制主義を黙示的に否定した。僅かに(ハ)と(ル)に類する規定が存在したが、(ハ)軍事法令の一部は責任大臣の副署を欠き、(ル)現役軍人が国務大臣(内閣総理大臣を含む)や枢密顧問官となり、政治的影響力を行使した。

註(1)従って、文権統制主義は文官統制主義と一致しない。文官は、官僚としての思考及び行動様式において、武官に近似する場合があり、必ずしも民意に拠る存在ではない。

(2)この規定の意義を実感した日本人に、尾崎三良がいる。尚、明治元年五月一八日の諸藩宛達但書は藩兵の町家への屯集止宿を禁じたが、これは軍紀維持のためであり、人権保障のためではない。

(3)ここでは、専ら軍人に課せられる忠誠義務を考える。従って、官吏一般の憲法忠誠義務は扱わない。

(4)逆に、人民の武装拒否権を認める規定が存在した。人民は、信仰または良心を維持するため、法律の規定により、武装または兵役を拒否することができた(一八三四年テネシー憲法第一章第二八条及び第八章第三条等)。

（5）原文は「自由な国家を護る」である。尚、民兵を白色人種 white に限定する条項が存在した（一八四六年アイオワ憲法第六条第一節）。

第二章　陸海軍の創設及び廃止

第一節　創　設

第一項　内乱の鎮定

慶応3年12月　王政復古の号令を発し、幕府を廃止した。
4年1月　薩長藩軍が鳥羽伏見で旧幕府軍を撃破した（戊辰戦争開始）。
1月　前将軍徳川慶喜に対する征討令を発した。
3月　宮堂上等の附属兵を禁じた。
4月　新政府軍が旧幕府軍に勝利し、江戸城を接収した。
4月　旧幕軍艦を一部接収した。
閏4月　陸軍編制を定め、各藩より石高に応じて兵員を徴集し、常備兵を置いた。
5月　徳川氏附属の兵隊を解いた。

明治元年9月　新政府軍が会津で会津藩軍に勝利した。
10月　東北平定により、出兵諸藩の兵を帰国させた。
10月　府県が平時に諸侯の兵隊を指揮するのを禁じた。
2年2月　東北平定により、徴兵を帰休させた。
2月　京師残置の諸藩兵を帰国させた。
4月　府県が各自に兵員を徴募することを禁じた。
5月　新政府軍が箱館で蝦夷島政府軍に勝利した（戊辰戦争終結）。

第二項　直属軍の整備

明治2年6月　各藩よりの版籍奉還を許した(1)。
7月　兵部省を置いた。
9月　海軍操練所を置き、鹿児島藩ほか数藩より人員を徴募した。
3年2月　各藩県のために常備編隊規則を定め、兵員は士族卒族より採用することとした。
4月　諸藩献納の艦船を受領した。
7月　府県が私に兵隊を設けるのを禁じた。
7月　艦隊編制を定めた。

8月　山口藩常備兵より一個大隊を兵部省の管轄下に編入した。
9月　各藩の常備兵員数を現石高に応じて定めた。
10月　陸軍の編制はフランス式、海軍の編制はイギリス式とし、各藩の陸軍編制をフランス式に改めさせた。
閏10月　海軍用地を築地に定め、海軍に関する事務を本格開始した。
11月　府藩県のため徴兵規則を定めた。
12月　山口・高知・佐賀各藩で徴兵大隊を編成した。
12月　各藩常備兵編制を定めた。
4年2月　京畿常備兵に代え、鹿児島・山口・高知の三藩兵より「御親兵」を設けた。
2月　初めて海軍水卒を徴募した。
4月　東山道及び西海道に鎮台を置いた。

第三項　軍制の統一

明治4年7月　廃藩置県により、諸藩の軍隊を漸次解消した。
8月　地方城郭を兵部省の管轄とした。
8月　各藩の常備兵を解隊すべく、全国に四つの鎮台を設けた。但し、当分の間、鎮台の常備兵には旧藩の常備兵を召集充当し、また旧藩の常備兵を一部存置した。

5年1月　官等表において、陸軍を海軍の上位に置いた(2)。

2月　兵部省を廃し陸軍省及び海軍省を置いた(3)。

11月　徴兵令を定め、族籍（士族卒族）に基づく兵員徴募を廃止した。

第二節　廃　止

第一項　陸海軍の降伏

昭和20年8月14日　詔書を発し、帝国政府に米英支蘇の共同宣言を受諾させたことを臣民へ告げた（翌日、天皇の肉声録音をラジオ放送）。

8月16日　大本営は、第一総軍司令官、第二総軍司令官、関東軍総司令官、支那派遣軍総司令官、南方軍総司令官、航空総軍司令官等及び参謀総長に対し、戦闘行動の停止を命じた（大陸命1382）。

同日　大本営は、南東方面艦隊司令長官、南西方面艦隊司令長官、海軍総司令長官に対し、戦闘行動の停止を命じた（大海令48）。

8月21日　大本営は、聯合艦隊司令長官、横須賀鎮守府司令長官等に対し、武装の解除を命じた（大海令52）。

8月28日　連合国軍は、先遣隊を厚木に進駐させ、総司令部を横浜に置き、日本国の占領を開始した。

9月2日　詔書を発し、敵対行為の停止、武装の放棄、降伏文書及び一般命令の誠実履行を臣民に命じた。

同日　政府及び大本営布告として、同日署名の降伏文書 the Instrument of Surrender 及び一般命令第一号、陸海軍 General Order Number 1, Military and Naval を発した。降伏文書において、大本営及び日本軍の連合国（連合勢力）the Allied Powers に対する無条件降伏を布告した。一般命令第一号において、大本営が、全指揮官に対し、軍の敵対行為の終止及び軍の連合国側指揮官への無条件降伏を命じた。(4)

同日　大本営は、第一総軍司令官、第二総軍司令官、関東軍総司令官、支那派遣軍総司令官、南方軍総司令官、航空総軍司令官等及び陸軍大臣、参謀総長等に対し、武装解除等の実施を命じた（大陸命特1）。

第二項　基幹法制の廃止

昭和20年9月13日　大本営を復員させた（軍3大本営復員竝廃止要領）。
10月15日　軍令部を廃止した（軍海8）。
10月23日　義勇兵役法を廃止した（ポ勅604）。
11月16日　兵役法等を廃止した（ポ勅634）。
11月29日　軍令部令、海軍総隊司令部令、鎮守府令、艦隊令等を廃止した（軍海10）。
11月30日　陸軍省官制を廃止した（勅675）。海軍省官制を廃止した（勅680）。大本営令及び国民義勇隊統率令等を廃止した（陸海達1）。参謀本部条例等を廃止した（陸達68）。

昭和21年11月3日　大日本帝国憲法を改正し、天皇の軍事権限と国の軍備及び交戦権を廃止した（日本国憲法。22年5月3日施行）。

昭和26年9月8日　米英等四八ヶ国と講和条約を締結した。

昭和27年4月28日　対日講和条約の発効（昭27条5）により、戦争状態が終了し、連合国軍総司令部が廃止され、連合国軍による日本国の占領が終了した。(5)

註（1）明治初年の将校及び下士官の任用は、政府と各藩が行った。高級武官の任用は、明治元年閏四月に三等陸

軍将を任命したのに始まるが、これは公家出身者に限っての任命であった。政府による本格的な任用は、明治四年七月に開始されたが、軍首脳が一斉に高級武官に任ぜられた訳ではなかった。西郷隆盛や山県有朋、川村純義は翌五年の任命であり、榎本武揚は七年の任命であった。勝安房は終身文官職に留まり続けた。尚、各藩常備兵の少佐は藩庁の推薦により任命し、尉官は藩庁が任命した。曹長・軍曹・伍長は少佐が任命した（明3 957）。廃藩置県の後、将校は士官学校卒業者から、下士官は教導団卒業生徒からの任用を原則とした。但し、将校と下士官、下士官と兵卒の資格上の区別は明確でなく、将校を下士官や「従前兵事ニ服務セシ者」や少尉試補から、下士官を兵卒や「従前兵事ニ服務セシ者」から任用することを認めた（明5陸126陸軍兵学寮概則、明7布448陸軍武官進級条例並附録、明9達133等）。

（2）従来は海軍を上位に置き、軍全体を海陸軍などと称していたが、この官等表以降、翌月の陸海軍二省分立を経て、漸次、陸軍・海軍の順位が定着した。

（3）二省分立については、「事務連貫一致」を妨げるとの見地から、工部少輔山尾庸三が反対した。

（4）この命令は、同日の連合国最高司令官指令第一号（DIRECTIVE NUMBER 1）により発せられた。

（5）但し、講和条約第六条（a）及び日米安全保障条約（昭27条6）第一条により、米軍が国内に引き続き配備された。また日米行政協定により、米軍、同構成員及び家族は、日本国内において、免除特権 immunity（治外法権）を獲得した。

第三章　明治憲法と軍制

第一節　憲法制定前の軍制の基本構造

明治初年における官制改革は試行錯誤の連続であった。しかし、中央の行政機関が、天皇の補佐機関として、軍事権限を掌握するという点では一貫していた。

慶応四年一月、三職七科制を採用し、総裁の下に海陸軍総督と海陸軍務掛を置いた。総裁は天皇を補佐する唯一の機関であり、軍事を管掌した。二月、総裁の下に軍防事務局を置き、督を任じた。閏四月の政体書は、行政官の輔相を天皇の補佐機関とし、軍務官の知官事が軍事を管掌した。

明治二年七月、二官六省制を定め、太政官の兵部省が軍事を管掌した。天皇を補佐するのは左右大臣であり、兵部卿はその下僚であった。四年七月の太政官三院制では、太政大臣が軍事権限を掌握し、兵部卿に軍隊指揮に関与する権限を認めた。五年二月、兵部省を陸軍省と海軍省に分離した。六年五月、太政官正院の権限として、事務章程中に軍政命令権を掲げた。

明治一一年一二月、参謀本部を設置し、陸軍の中央行政機関（陸軍卿及び太政大臣等）から独立させた。(1) 明治初年以来の一元的構造が変更され、陸軍の補佐機関は、陸軍卿と参謀本部長に分裂した。(2) 一九年三月、陸海軍共通の参謀本部を設けた結果、海軍の補佐機関も海軍大臣と参謀本部長に分裂し、陸軍同様の二元的構造となった。

第二節　明治憲法における軍制関係規定

第一項　概　説

憲法制定過程における主な草案には、明治二〇年四月の井上毅「乙案」、五月頃の井上「甲案」、四月のロエスレル“Entwurf einer Verfassung für das Kaisertum Japan”及びその翻訳「日本帝國憲法艸案」、いわゆる夏島草案、十月草案、翌二一年の二月草案、五月の枢密院諮詢案、七月議了の枢密院第一審会議議決案、翌二二年一月議了の同第二審会議議決案及び第三審会議議決案がある。

これらの中で、軍制関係規定を最も詳しく掲げているのは、乙案及び甲案である。但し、両案は、各国憲法の規定を試みに網羅したものであり、取捨選択を経るための材料に過ぎなかった。文権統制主義的な規定も存在したが、その多くは両案に現われただけで、後の草案では消滅した。例えば、平時の兵員増加には議会の議決を要する、対内出兵は文官の請求による、軍隊の政治関与を禁止する等の条項である。

第二項　統帥権及び編制権

第十一條　天皇ハ陸海軍ヲ統帥ス

第十二條　天皇ハ陸海軍ノ編制及常備兵額ヲ定ム

統帥権は軍隊の統率権であり、軍隊の行動に関する指揮命令権である。編制及び常備兵額の決定権をまとめて編制権と称する。

第一一条の起源は乙案第三条「天皇ハ陸海軍ヲ統督ス」であり、第一二条の起源は第七〇条「陸海軍ノ編制ハ勅令ノ定ムル所ニ依ル」であった。ロエスレル草案第九条の原文は、指揮権と編制権の条項を一つにまとめた。その意味は「天皇は陸軍及び海軍に最高命令 Oberbefehl を行なう。天皇は平時及び戦時における兵力数を定め、また軍隊に関するすべての指示 Anordnungen 及び命令 Befehle は天皇から発せられる」であった。前段を補足し説明したのが後段であるが、日本帝國憲法艸案はこれを一文にまとめ「天皇ハ陸海軍ノ最高命令ヲナシ平時戦時ニ於ケル兵員ヲ定メ及兵ニ關スル凡テノ指揮命令ヲナス」と翻訳した。最高命令、兵額決定権、指揮命令権が並列の関係に置かれた。夏島草案第一五条はこの影響を受け、「天皇ハ陸海軍ヲ編制シ及之ヲ統率シ凡テ軍事ニ關スル最高命令ヲ下ス」と規定した。統率と最高命令は意味内容が重複した。

十月草案第一五条「天皇ハ陸海軍ヲ統御ス／軍制ヲ定ムルハ天皇ノ大權ニ由ル」は、最高命令の表現を止め、軍事権限を統御権と編制権に整理した。この「統御」を軍事専用の漢語である「統帥」に改めたのが、二月草案第一二条「天皇ハ陸海軍ヲ統帥シ軍制軍政及軍令ニ關シテ最高命令ヲ下ス」である。但し、最高命令の概念が復活し、統帥と最高命令は意味内容が重複した。諮詢案第一二条は再びこれを整理し、「天皇ハ陸海軍ヲ統帥ス／陸海軍ノ編制ハ勅令ヲ以テ之ヲ定ム」とした。第一審では、軍の編制は勅令以外にもよるという理由で「勅令」を「勅裁」に改め、この「勅裁」も同案第五二条の議院諸規則に対する「勅裁」と混同の虞れがあるとの理由で「勅命」に代わった。第二審では、第一一条「天皇ハ陸海軍ヲ統帥ス」と第一二条「天皇ハ陸海軍ノ編制ヲ定ム」に分かれ、第一一条はそのまま成立した。第一二条では表現方法が変更されたため、先に問題となった「勅令」「勅裁」「勅命」の区別は条文から消えた。第三審で、編制事項は毎年の兵員数を含まないとの見地から「常備兵額」を加えた。

第三項　戒厳宣告権

第十四條　天皇ハ戒嚴ヲ宣告ス

戒嚴ノ要件及効力ハ法律ヲ以テ之ヲ定ム

戒厳の要件及び効力に関する法律は、実際には制定されなかった。即ち、国民の権利義務に係わる戒厳法律につき、議会の協賛は行われなかった。

乙案第七四条「戰時又ハ内亂ニ當リ全國又ハ國ノ或ル部分ニ向テ戒嚴ノ令ヲ公布スルハ勅令ニ由ル／法律ハ戒嚴ノ節目及合圍ノ地方ニ限リ軍隊司令官ニ委任スル處分ノ場合ヲ定ム」は比較的詳しい規定であったが、夏島草案第一一条「天皇ハ戒嚴法ヲ實施スルノ公布ヲ發ス」は単に戒厳法律の実施公布を述べるだけにとどまった。明治二〇年八月末の井上毅「逐條意見」は、戒厳法律の実施公布と戒厳の宣告が異なること、大権規定として必要なのは法律の実施公布権ではなく戒厳の宣告権であること、戒厳の要件は法律に基づくことを理由に修正を求めた。十月草案第一〇条は、これを承けて「天皇ハ戒嚴ヲ宣告ス／戒嚴ノ要件ハ法律ヲ以テ之ヲ定ム」となり、諮詢案第一四条に至った。二一年六月頃のロエスレル「憲法草案意見概要」は、第二項で、戒厳の効力も法律事項に加えることを主張し、これは第二審で採用された。

第四項　戦時事変における臣民の権利義務の変更

第三十一條　本章ニ掲ケタル條規ハ戰時又ハ國家事變ノ場合ニ於テ天皇大權ノ施行ヲ

妨クルコトナシ

天皇は、戦時や国家事変の場合、大権施行のため、国民の権利義務を任意に制限変更することができた。

本条の起源はロエスレル草案第六二条「本章ノ規定ハ天皇ニ屬スル特權ノ施行ヲ變更セス」及び夏島草案第六三条「本章ニ掲クル前諸條ノ規定ハ天皇大權ノ施行ヲ變更スルコトナク又安寧秩序ヲ維持シ又ハ公然ノ必要ノ爲メ適當ノ制限ヲ設ケ及戒嚴ノ時ニ於テ一時停止處分ヲ行フコトアルヘシ」であり、特に、夏島草案は停止の場合を具体的に掲げた。十月草案第三五条「本章ニ掲クル條規ハ天皇大權ノ施行ヲ妨ケルコトナシ」は、停止の場合を削除した。二月草案第三一条は制限変更の可能な場合を戦時と事変に限定し、第三審は、事変を、重大な事変という意味で、国家事変に変えた。

第五項　軍人の特殊な権利義務

第三十二條　本章ニ掲ケタル條規ハ陸海軍ノ法令又ハ紀律ニ牴觸セサルモノニ限リ軍人ニ準行ス

臣民の権利義務で軍の法令や紀律に反するものは、軍人には認めなかった。換言すれば、軍の法令や紀律によって、軍人が臣民として本来有する権利義務を制限変更できた。尚、本条を根拠として、軍属の権利義務を制限変更することはできない。

本条の起源は乙案第一五条「軍隊ノ紀律ハ勅令ヲ以テ之ヲ定ム第十一、十二、十三條ハ其軍律ニ矛盾セサル者ノ外軍隊ニ準行セス」である。即ち「軍隊ノ紀律」を根拠として、「軍隊」が有する自由権、請願権、教育権を制限変更できるとした。甲案第一〇条は、制限変更の対象事項を自由権、請願権とした。

ロエスレル草案第六一条の原文は「軍事紀律 Militair disciplin は勅令 kaiserliche Verordnung によって定められる。前掲の第五一条から第五九条までは、軍事法律 Militairgesetzen 及び軍事勅令 Militairverordnung に反しない限り、軍関係者 Militairpersonen に適用する」を意味した。その翻訳は「軍紀ハ勅令ヲ以テ之ヲ定ム第五十一條乃至第五十九條ノ規定ハ軍事上ノ法律及勅令ニ牴觸セサルモノニ非サレハ之ヲ軍人軍屬ニ適用セス」であった。制限の根拠を「軍事上ノ法律及勅令」とし、対象者を軍人軍属とした。

夏島草案第六四条「本章ニ掲クル前諸條ノ規定ハ軍隊ノ規律ニ抵觸セサルモノニ限リ軍人軍屬ニ準行ス」とし、制限変更の対象事項を憲法に掲げた臣民の権利義務とし、制限の根拠を「軍隊ノ規律」とした。十月草案第三六条「本章ニ掲クル條規ハ軍法軍令ニ抵觸セサルモノニ限リ軍人ニ準行ス」は、制限の根拠を「軍法軍令」とし、対象者を軍人に限った。二月草案第三二条は、制限の根拠を「陸海軍ノ法令又ハ紀律」とした。

第六項　その他の規定

次の五ヶ条の成立過程では、軍制に関しては、重要な修正はなかった。

第十條　天皇ハ行政各部ノ官制及文武官ノ俸給ヲ定メ及文武官ヲ任免ス但シ此ノ憲法又ハ他ノ法律ニ特例ヲ掲ケタルモノハ各々其ノ條項ニ依ル

第十三條　天皇ハ戰ヲ宣シ和ヲ講シ及諸般ノ條約ヲ締結ス

第十九條　日本臣民ハ法律命令ノ定ムル所ノ資格ニ應シ均ク文武官ニ任セラレ及其ノ他ノ公務ニ就クコトヲ得

第二十條　日本臣民ハ法律ノ定ムル所ニ従ヒ兵役ノ義務ヲ有ス

第六十條　特別裁判所ノ管轄ニ屬スヘキモノハ別ニ法律ヲ以テ之ヲ定ム

憲法は、第一〇条の「行政各部ノ官制」と「陸海軍ノ編制」の関係及び軍制に関する「特例」を明示しなかった。第二〇条の起源たる乙案第一四条では、兵役義務の存在を述べたに過ぎなかったが、ロエスレル草案第六〇条及び夏島草案第五一条からは、兵役義務が法律に基づくことを定めた。第六〇条は軍裁判所（軍法会議）に関する規定ではなく、広く特別裁判所一般に関する規定である。乙案第七五条には「陸軍及海軍裁判ハ陸軍及海軍刑法ニ依リ専軍人軍屬ノ刑事ノ犯人及軍法ノ犯者ヲ處分ス」の規定があったが、以後の草案で削除された。

第三節　憲法制定後の軍制の基本構造

憲法は明治二二年二月一一日に制定公布され、二三年一一月二九日に施行された。

憲法は天皇の統帥権及び編制権を掲げ、かつ大臣輔弼制を採用したため、両権に関する天皇直属の補佐機関は憲法上、国務大臣に限定された。即ち、憲法は、補佐機関について、国務大臣による一元的構造を採用した。しかし、陸軍は既存の二元的構造（陸軍大臣及び参謀本部長）を維持した（明22勅25参謀本部条例）。海軍は二二年三月、一元的構造（海軍大臣。その下に海軍参謀部長）に復帰したが（勅30海軍参謀部条例）、二六年五月、再び二元的構造（海軍大臣及び海軍軍令部長）に転じた（勅37海軍軍令部条例）。要するに、政府及び軍部は、憲法制定前からの二元的構造——統帥権の独立——を、憲法制定後も維持した。

註（1）プロイセン王国・ドイツ帝国では、制度上、明治一六（一八八三）年五月に陸軍参謀本部が国王直属となった。但し、国王に直属する慣行は以前から存在した。明治三二（一八九九）年三月、海軍参謀本部が皇帝直属となった。

（2）明治一三年二月、太政官に軍事部が置かれ、事務の査理監視を担当した（太達20、廃止明14太達88）。また一四年一二月、太政官参事院に軍事部が置かれ、関係の法律規則の起草審査を担当した（太達89）。従って、少なくとも制度上は、一元的構造を維持しようという企図が存在した。

補論　満洲国軍制の基本構造

満洲国は、大同元年（一九三二＝昭和七）三月に成立し、康徳一二年（一九四五＝昭和二〇）八月に消滅した。成立当初の政治体制は執政制であったが、康徳元（大同三）年三月、帝制に移行した。満洲国では、単一の成文憲法は制定されず、政府組織法（大同1教1。康1組織法）が国家統治権に関する基本法、人権保障法（大同1教2）が人民の権利義務に関する基本法として、各々制定された。

満洲国は日本の保護対象国（属国）であり、事実上、関東軍の監督下に置かれていた。満洲国の国防及び治安維持は日本に委任された。日本人からの官吏任用が認められ、その推薦権は関東軍司令官が獲得した（大同元年三月一〇日付関東軍司令官宛執政書簡）。大同元年四月以降、軍政部及び各司令部等へ、日本将校（関東軍司令部附及び駐満海軍部附）を顧問として派遣した。顧問は派遣先軍衙の指導を行い、その実質的支配に務めた。大同元年九月、日本国軍は、日満議定書により満洲国内での駐留権を、また守勢軍事協定により協同防衛時の満洲国軍指揮権を獲得した。

満洲国の陸海軍は対外出兵を想定した軍隊ではなく、国内の治安と辺境及び江海の警備に任じた（大同1軍1陸海軍条例）。

〈執政制〉　政府組織法は執政の統率権を掲げたが（編制権規定なし）、執政に対する輔弼制は存在しなかった。軍政部総長は、国務総理の指揮監督を承けて軍政と国防及び用兵を管掌し、軍政及び用兵に関し警備司令官及び艦隊司令官を指揮し（大同1軍1）、国務総理と共に軍令に副署する（大同1教1・97）。即ち、執政の軍事補佐機関は国務総理に限定されており、執政制における軍制は一元的構造を採用していた。

〈帝制〉　組織法は皇帝の統率権を掲げ（編制権規定なし）、且つ国務総理大臣による輔弼責任制を採用したため、統率権に関する皇帝の補佐機関は組織法上、国務総理大臣に限定された。しかし、国務に関連しない軍令には、国務総理大臣ではなく軍政部大臣（康徳四年七月より治安部大臣、康徳一〇年四月より軍事部大臣）が副署したから（康1軍1）、皇帝の軍事補佐機関は国務総理大臣と軍政部大臣に分離しており、帝制における軍制は、日本と同様の二元的構造を採用していた。

第四章　軍令と軍政の区別

第一節　概　説

軍令は広義には軍事に関する命令全般を指し、狭義には軍隊行動（兵力の移動及び行使）に関する命令、即ち軍隊行動命令を指す。軍政は軍事行政であり、軍隊の設立・維持・管理、そして軍令の統制（軍隊行動の基本方針に関する監督であり、軍隊行動の専門技術に関する監督ではない）を内容とする。軍政は政府の管掌事項であり、また議会は法律及び予算につき軍政に関与する。

軍令は命令の種類を表し、軍政は行政事務の種類を示す用語であった。従って、両者は全く異種の概念であり、そもそも区別できるものではない。この両者を種々の概念操作により敢えて分離したのが、軍令と軍政の区別であり、その目的は、政府の管掌事項及び議会の関与事項を軍政に限定することにあった。

第二節　困難な区別

軍部（政治勢力としての軍隊）は、軍令と軍政の区別を制度原則として採用していた。しかし、区別は理論的にも実際にも困難であった。それは（1）陸海軍の諸法令が、軍令と軍政を用語として併記・定義しなかったこと、（2）両者の中間事項、いわゆる混成事項が存在すること、（3）憲法が軍令及び軍政という語を採用しなかったこと、（4）軍政機関（陸軍大臣及び海軍大臣）が「軍令」に副署することに表れている。

（1）明治一八年五月改正の鎮台条例は、軍令と軍政を用語上初めて区別した。鎮台司令官は「軍令ヲ薫督シ軍政ヲ総理ス」と定め、「軍令」を「進軍駐軍轉軍例外行軍例外演習等」、「軍政」を「進退黜陟轉換選任會計及ヒ給與等」と定義した。しかし、後続の師団司令部条例（明21勅27）は、この区別を用いなかった。海軍では明治一九年四月の海軍条例により区別を採用したが定義はなく、二六年五月の条例廃止で区別をやめた。一九年四月の鎮守府官制（勅25）は、海軍における軍令と軍政の区別を間接的に示した。即ち、第六条で軍令の語を、第一一条で軍政の語を用い、第六条で軍令を「麾下艦船ノ管外航海及例外行軍例外演習等」と定義し、それ以外を「軍人軍屬ノ進退黜陟轉換撰任及會計給與等」と表現した。二九年三月の内令制度の根拠法令（官1036）は「軍令軍政」「軍機」を併記したが、定義はなかった。尚、陸海軍の諸法令は、通常、軍令権を「統帥ス」または「統率ス」と表現した。

（２）混成事項とは、軍令機関（軍事計画機関）と軍政機関が共同で関与する事項を指す。事項設定の目的は、軍令と軍政を融合して事務の円滑化を図ることにあり、取扱手続として、明治一一年一二月の「省部権限ノ大略」以来、陸軍の関係業務担任規定や海軍の業務互渉規程が定められた(1)。

（３）憲法制定過程において、区別を理論的に説明することは放棄されていた（明治二一年六月のロエスレル「憲法草案意見概要」）。公布された条文も、軍令と軍政の区別を明示しなかった。従って、憲法から両者の区別を直接説明することはできない。また、区別を統帥権と編制権の区別と等置することはできない。仮に、軍令権＝統帥権と見なしても、軍政権＝編制権ではない。軍政権には、将校任免や徴兵など他の条項の権限が含まれるからである。

（４）明治四〇年九月創始の軍令制度がもたらしたのは、区別の理論的な基準ではなく、「軍令」で規定した事項が軍令事項だという循環論法でしかなかった。軍令第一号の制定理由書は第一一条と第一二条を併せて「統帥大権」と解釈するのみで、区別を採用しなかった。軍部は、「軍令」施行のために大臣副署を必要とし、陸軍大臣及び海軍大臣を軍令施行機関と見なして軍令に副署させた。尚、軍令で規定する事項は陸海軍の間で相違し、同種の事項を陸軍は軍令で、海軍は勅令で定める場合があった(2)。また陸軍では、一部事項の法令形式を勅令から軍令に変更し、後にまた勅令で制定することがあった(3)。

第三節　軍令の拡大と軍政の縮小

軍部は、区別が困難であることを利用し、軍令事項を拡大解釈し、軍政事項を縮小解釈した。即ち（a）軍政から軍令の統制を除外した。軍令の統制は、事実上、参謀本部条例や海軍軍令部条例にいう「帷幄ノ機務」とされ、軍政事項は軍隊の設立・維持・管理に限定された。（b）軍政中の軍機事項を政府の関与事項から除外した。内閣職権第六条及び内閣官制第七条の非文理解釈により、内閣総理大臣は「軍機軍令」についての上奏に関与できなくなった。（c）「軍令」という法令で軍政事項を規定し、「軍令」事項に軍政事項を吸収した。例えば、陸軍の師団司令部条例（大7軍陸3）は陸軍大臣の軍政区処権を、海軍の艦隊条例（明42軍海7）は海軍大臣の軍政指揮権を規定した。（d）陸軍では、軍政に更なる限定を加え、これと人事及び教育を区別した。師団司令部条例など統率機関の権限規定を見ると、区処権事項を「軍政及人事」「國防及出師計畫」「教育」に分けている場合が多い。尚、海軍の鎮守府条例や艦隊条例では、区処権事項を「軍政人事」と表現し軍政と人事を区別する時期（明治三三年～三六年）があったが、他の時期には単に「軍政」とだけ表記した。

註（1）混成事項による事務分類方式の導入後、この方式を整備したのは有賀長雄と推定される。

（2）例えば、陸軍懲罰令（明41軍陸18）と海軍懲罰令（明41勅239）。
（3）例えば、陸軍士官学校条例（明31勅226、明41軍陸9、大9勅236）。

第五章　軍事法令

第一節　理論上の分類

第一項　憲法、法律及び軍事行政命令

軍事法令は、憲法、法律及び軍事行政命令に大別される。憲法と法律は、軍事に関する国民の権利義務を設定変更することができ、公布を経て広く国民一般を拘束する。軍事行政命令は、軍事行政機関が、憲法または法律からの授権や軍事行政権に基づいて発する永久的な命令であり、公布・公示または部内達示を経て行政の客体を拘束する。主な軍事行政命令には勅令、軍令、閣令、省令、内令がある(1)。

憲法、法律及び軍事行政命令の下位に属する法令には、軍事行政規則及び軍事職務命令がある。軍事行政規則は上級機関が下級機関に対して発する職務執行定則、または上級機関が施設利用者に対して発する施設管理規則であり、いわゆる「令達」は軍事行政命令または軍事行政

規則に該当する。軍事職務命令は、上級機関が、下級機関や部下個人に対し、職務執行の具体的な内容を指示する命令である。軍事職務命令は一時的・個別的な命令であり、その形式は文書に限らず、口頭指示や合図・信号でもよい。

第二項　軍隊行動命令

軍隊行動命令は軍隊の行動（兵力の移動及び行使）に関する命令であり、軍事職務命令の一種である。軍隊行動命令は、法制的には軍事行政命令の下位に属するが、国家と国民に重大な影響を及ぼす可能性があるから、その原権限は、最高の軍事行政命令権を有する者（君主、行政部首長）が併せ持つ例となっている(2)。

第二節　制度概説

主要な軍事法令には、天皇の発する法令と行政大臣の発する法令がある。天皇の発する法令は、通常、大臣副署を伴う。天皇は軍事最高機関として発令の原権限を有する。陸軍大臣及び海軍大臣は、天皇の委任を受けて軍政を管理し軍人軍属を統督するから、一般的な発令権を有した。また他の行政大臣もその職権に関し発令権を有した。尚、軍部は、法制局の審査、閣議、枢密院の審議と公示・公布を回避するため、関係法令の軍令化及び部内令達化(3)を進める傾向にあった。

軍事法令の制度は、明治一九年二月の公文式（勅1、廃止明40勅6）、そして四〇年二月の公式令（勅6、廃止昭22政4）及び同年九月の軍令ニ関スル件（軍1、廃止昭21軍1）を契機として整備された。尚、公文式制定前の明治一八年一二月、太政官制に代えて内閣制が成立し、これにより、各省卿は各省大臣に改称された。

軍事法令には、原則として、発翰番号（発簡番号）を付す。発翰番号とは発出文書の名称番号のことであり、法令条規またはその他の文書（照会回答通知等）に使用する。(4) 法令条規に専用する発翰番号を法令番号という。本章では、訓令以下の法令類や外交事務に関する法令は、原則として省略した。

第一項　公文式制定前

維新の当初、法令の名称番号は一定しなかった。明治元年八月の行政官「被仰出候事」（621、消滅明19勅1）によると、行政官の発出する法令文書には「被仰出」「被仰下」「被仰付」「御沙汰」の語を、大総督府及び鎮将府の発出する法令文書には「御沙汰」の語を、五官及び府県の発出する法令文書には「申付」「申達」の語を、各々用いることができた。明治五年一月、法令文書（布告）に番号を設けた。

一　太政大臣または太政官の発する法令

布告　明治六年七月使用開始（太254、消滅明19勅1）。全国に対して発し、「布告候事」という結文を付した。(5) 明治七年一月より、達と別箇の番号を付した（明6太達432）。明治一四年一二月より、法律規則の法令番号として使用（太達101、消滅明19勅1）。一八年一二月、官報（明治一六年七月創刊）に登載することになった（内閣布達23）。

達（達書）　明治六年七月使用開始（太254、消滅明19勅1）。各庁及び官員に対して発し、「相達候事」「可相心得候事」という結文を付した。明治七年一月より、布告と別箇の番号を付した（明6太達432）。一六年五月、官報に登載することになった（太達23）。

布達　明治一四年一二月使用開始（太達101、消滅明19勅1）。一八年一二月、官報に登載することになった（内閣布達23）。

告示　明治一四年一二月使用開始（太達101、消滅明19勅1）。一時的規定の法令番号。一六年五月、官報に登載することになった（太達23）。

二　各省卿または各省の発する法令

布達　明治六年八月使用開始（太達）。全国に対して発し、「布達候事」という結文を付した。(6)
一四年一二月使用終止（太達101）。各省固有の番号については、省略する。

達（達書）　明治六年八月使用開始（太達）。各庁及び官員に対して発し、「相達候事」「可相心得候事」という結文を付した。明治一四年一二月からは省卿が府県長官に対して発した。一六年五月、官報に登載することになった（太達23）。各省固有の番号については省略する。

告示　明治一四年一二月使用開始（太達101）。一時的規定の法令番号。一六年五月、官報に登載することになった（太達23）。

三　陸軍卿または陸軍省の発する法令

送　明治五年二月使用開始、終止時期不明。文書にも使用する。官報に登載しない（明16達乙65）。

布　明治六年七月使用開始（参照陸264）、八年六月使用終止。七年一月からは、陸軍省の布達及び達の共通番号として使用。

達　明治八年七月使用開始。前身は布。同一〇年一月、達甲及び達乙に分離した。

達甲・達乙・達丙　達甲及び達乙は明治一〇年一月使用開始。達甲は府県への令達で、一六年五月、官報に登載することになった（太達23）。一九年二月使用終止。達乙は部内への令達で、官報に登載しない（明16達乙65・115）。一九年三月使用終止。達丙は一二年一〇月使用開始、一九年三月使用終止。部内部分への令達に使用し、官報に登載しない（明16達乙65・115）。

布　明治一二年一月使用開始、同一四年九月使用終止。陸軍省の布達番号（一四年一二月廃止）として使用。

送甲・送乙　明治一四年一月使用開始。四〇年一〇月使用終止か。送甲は、部外に対する文書（法令条規を除く）。送乙は令達及び訓示訓令等または秘密事項（平時編制、勤務令など）の文書。

四　海軍卿または海軍省の発する法令

乙　明治五年四月使用開始、同年一一月使用終止（一二月改暦）。省中一般への達示に使用。

甲　明治六年一月使用開始。その前身は乙。省中一般への達示。七年五月使用終止。七年一月よりは、海軍省の布達及び達の共通番号として使用[7]。

記三套　明治七年六月使用開始[8]。その前身は甲。省中一般または府県一般への達示。海軍省の布達及び達の共通番号。八年四月、甲・乙の使用開始に伴い、海軍部内への達示として使用、九年一月より海軍省の達番号として使用、九年八月使用終止。

甲・乙・丙　甲・乙は明治八年四月使用開始、その前身は記三套。甲は府県全般への達示で、九年一月より海軍省の布達番号として使用、一四年一一月使用終止。乙は府県への達示で、九年一月より海軍省の達番号として使用、一九年二月使用終止。一五年八月より、海軍一般への達示にも使用（丙60）。一六年五月、官報に登載することになった（太達23）。丙は明治九年九月使用開始、その前身は記三套[9]。省中一般への達示で、一〇年一月より海軍省の達番号として使用、一九年二月使用終止（要88）。一六年七月、官報に登載することになった（明16丙60。参照明16丙55）。

五　宮内大臣の発する法令

宮内省達　明治一九年二月使用開始(10)（参照明22宮達10宮内省官制2・3）。二四年六月より、甲（奉勅規定）と乙（勅定を経ない規定）に分かれる（参照明23調査課92）。宮内省達甲は明治四〇年一月使用終止か、宮内省達乙は三九年八月使用終止か。公式令制定後は、宮内省達を使用（ラルあり）。

第二項　公文式制定後

一　天皇の発する法令

大日本帝国憲法　公文式に規定なし（明治二二年二月一一日制定公布、二三年一一月二九日施行。全改昭22日本国憲法）。国務各大臣及び枢密院議長（列閣者）が副署した。憲法は皇室典範による変更を受けない。公式令によると、憲法改正法令は内閣総理大臣及び他の国務各大臣が副署し、官報で公布する。

皇室典範　公文式に規定なし（明治二二年二月一一日裁定。消滅昭22法3皇室典範）。副署を欠き、また公布されなかった(11)。

皇室典範増補　公文式に規定なし。公式令よると、宮内大臣及び国務各大臣が副署し、官報で公布する（但し、公式令に名称指定なし）。明治四〇年二月使用開始。尚、本法令は号数を欠く。

法律　内閣職権及び公文式により使用開始。官報で公布する。内閣総理大臣が単独または主任の国務大臣と共に副署する。憲法の施行により、議会の協賛を経ていない従前の法律[12]も憲法上の「法律」となった。法律で定める主な事項は憲法で指定された。法律は命令によって変更されない。公式令により、内閣総理大臣及び他の各大臣が副署する場合を加えた。

予算　公文式に規定なし。明治二三年三月使用開始（豫算）[13]。内閣総理大臣と主任大臣が副署し、官報で公布するを例とした。憲法にいう予算は、国家の歳出歳入の項目及び金額を予想したものである。但し、憲法は、予算が法律と異なること、予算が法律以外の形式によることを明示していなかった。このため、政府は、予算は法律と異なるという憲法解釈を閣議で決定した（明治二三年一〇月一六日）。公式令によれば、内閣総理大臣と主任大臣が副署し、官報で公布する。

予算の成立には毎年議会の協賛を要した。但し、議会の協賛権には次のような制約があった。（1）予算が成立しない場合でも、政府は前年度予算を施行できた。換言すれば、議会の協賛がなくても、本年度予算は、前年度予算の内容で成立した。（2）皇室経費の支出には、増額がない限り、議会の協賛は不要であった。（3）議会は、憲法上の大権に基づく既定の歳出、法律の結果による歳出、法律上政府の義務に属する歳出を、独自の判断では削減することができなかった。明治二三年八月の会計法補則（法57）によると、議会は、文武官の俸給、陸海軍軍事費、憲兵費、屯田兵費、徴兵費等の歳出予算に、増額がない限り、協賛しなければならなかった[14]。

勅令　公文式により使用開始（但し、公文式自体が勅令第一号）[15]。官報で公布する。一般行政[16]に関する勅令には、内閣総理大臣[17]及び主任の国務大臣が副署し、各省専任事務に関する勅令には、主任大臣が副署する。公式令により、内閣総理大臣と他の各大臣または内閣総理大臣と主任大臣が副署することになった。尚、憲法第八条第一項による勅令（緊急勅令）は「法律ニ代ルヘキ勅令」であり、また第七〇条第一項による緊急財政処分は勅令の形式で行なわれた。

昭和二〇年九月、ポツダム宣言受諾に伴い、連合国最高司令官の要求事項を実施するため、命令（勅令、閣令、省令）により必要な規定及び罰則を設けるとした（緊勅542及び勅543）。これらの命令をポツダム命令、そのうち勅令をポツダム勅令と称する。

緊急勅令、緊急財政処分勅令、ポツダム勅令は、名称及び番号につき一般の勅令と区別がなかった。

昭和二〇年一一月、陸海軍の復員に伴い不要となる勅令で専ら軍に関する事項のみを規定するものは、二一年三月末までの間、主務大臣が首相と事前協議の上で発する命令により廃止することを認めた（勅632）。

軍令　軍令第一号により使用開始[18]（軍1）。「陸海軍ノ統帥ニ關シ勅定ヲ経タル規程[19]」であり、原則として即日施行である。[20] 昭和二〇年一一月、主任の陸軍大臣または海軍大臣に、復員に伴い不要となる軍令の廃止権を認めた（軍4）。公示を要する軍令には主任の陸軍大臣または海軍大臣が副署し、官報で公示する。[21] 公示する軍令の種類及び規定内容は、次の通りである（明治四〇年一〇月陸軍大臣官房回答）。

軍令　　陸海軍に共通する条例、規則、操典、教令、教範類

軍令陸　軍令のうち、陸軍のみに関するもの

軍令海　軍令のうち、海軍のみに関するもの

軍令第一号は、公示しない軍令の形式を定めなかった。陸軍では、同年一〇月の規定（密発174）により、非公示軍令に公示軍令と同様の形式を用いた。非公示軍令の種類及び内容は、次の通りである。

軍令陸甲　陸軍の軍事機密事項（動員計画、戦時編制等）

軍令陸乙　陸軍の秘密事項（平時編制、勤務令等）

海軍では、非公示軍令の制度を採用せず、従来の内令を継続使用した。陸海軍共通の非公示軍令の形式は規定されなかったから、同一の命令を、陸軍では軍令陸甲・乙で、海軍では内令で発する可能性が生じた。

軍令は、勅令及び允裁令達（後述）の一部を、勅令レベルの形式（大臣副署）にまとめたもの

である。軍令、軍令陸、軍令海の主たる前身は勅令、軍令陸甲の主たる前身は送丙、軍令陸乙の主たる前身は送乙と考えられる。軍令は、その名称からすると、軍事命令一般または軍隊行動命令であるが、実際には軍事行政命令ないし軍事行政規則であった。

補説　満洲国において、法令番号としての軍令は、執政制期と帝制期のものに大別される。満洲国の軍令制度、特に帝制期のそれは、日本の制度を模倣したものである。

〈執政制〉大同元年四月使用開始（大同1教1政府組織法。参照軍1陸海軍条例）。公布する軍令は執政令に属し、国務総理（一〇月教97により軍政部総長も）が副署し、特に指定のない限り即日施行である。軍令は、法制局が起草及び審査を行い、国務院会議を経ることを要し、政府公報で公布する（大同1教5国務院官制・教8法制局官制・教15暫行公文程式令）。但し、軍の統率及び機密に関する軍令は、この手続を要しなかった（大同1教20軍令ノ変通ニ関スル規則）。

〈帝制〉康徳元年三月使用開始（軍1軍令ニ関スル件）。「軍ノ統率ニ關シ勅裁ヲ経タル規定」であり、原則として即日施行である。公示を要する軍令には軍政部大臣が副署し、そのうち国務に関連する軍令には国務総理大臣も倶に副署する。尚、公示しない軍令の形式は、不明である。

皇室令　公式令により使用開始（同令に名称指定あり）[22]。「皇室典範ニ基ツク諸規則、宮内官制其ノ他皇室ノ事務ニ關シ勅定ヲ經タル規程ニシテ發表ヲ要スルモノ」である。官報で公布する。宮内大臣が単独で、または内閣総理大臣と倶に、または内閣総理大臣及び主任の国務大臣と倶に、副署する。前身は宮内省達甲。

二　行政大臣の発する法令

行政大臣の発する軍事法令の中で主要な位置を占めるのは、陸軍大臣または海軍大臣の発するものである。この種の法令の一部には、「定メラル」「ラル」の表現により当該法令が允裁（裁可）を経た旨示すものがある。この種の法令が允裁令達であり、「ラル達」「ラル官房」のように称することがある。(23)

1　内閣総理大臣

閣令　公文式により、一九年二月使用開始（参照明40勅7内閣官制改正）。官報で布告（公布）する。内閣総理大臣が、法律及び勅令の範囲内で、職権または委任により、法律及び勅令の施行または安寧秩序の維持を目的として発する。昭和二〇年九月、ポツダム宣言受諾に伴い、連合国最高司令官の要求事項を実施するため、命令により必要な規定及び罰則を設けるとした（緊勅542及び勅543）。これらの命令のうち閣令をポツダム閣令と称する。ポツダム閣令は、名称及び番号につき一般の閣令と区別がなかった。

2　各省大臣

省令　公文式により、一九年三月使用開始（参照勅2各省官制通則）。官報で布告（公布）する。各省大臣が、法律及び勅令の範囲内で、職権または委任により、法律及び勅令の施行または安寧秩序の維持を目的として発する。昭和二〇年九月、ポツダム宣言受諾に伴い、連合国最高司令官の要求事項を実施するため、命令により必要な規定及び罰則を設けるとした（緊勅542及び勅543）。これらの命令のうち省令をポツダム省令と称する。ポツダム省令は、名称及び番号につき一般の省令と区別がなかった。

3　陸軍大臣

陸軍省令　公文式により、一九年三月使用開始。官報で布告（公布）する。但し、省令甲（府県一般向け。前身は達甲）、省令乙（陸軍部内全般向け。前身は達乙）、省令丙（陸軍部内一部向け。前身は達丙）の三種に分かれる。一九年一二月、省令甲を陸軍省令（府県一般向け）、省令乙を陸達とし、省令丙は使用を止めた。

達　一九年三月使用開始、同月使用終止。

陸達　二〇年一月使用開始。部内全般に対する允裁令達及び行政令達。部外に必要のものに限り、官報に掲載する。その前身は省令乙。「軍令」制定に伴い、允裁令達（ラル達）を止め、主に永久的な行政令達として使用。

送丙　明治三二年八月使用開始か[24]、四〇年一〇月使用終止か。軍事機密事項（動員計画、外交機密など）の令達及び文書。

密発　使用始期不明で、明治四〇年一〇月使用終止か。混成事項の令達及び文書。送乙に類する。

陸機密・陸密・陸普　「軍令」制定に伴い使用開始。陸機密は軍事機密事項の令達及び文書で、その主たる前身は送丙。陸密は秘密事項の令達及び文書で、その主たる前身は送乙及び密発。陸普は普通事項の令達及び文書。その主たる前身は送甲。

4　海軍大臣

要・普　要は明治一九年二月使用開始で、部内への訓令。二〇年一月使用終止（要20）。普は明治一九年二月使用開始で、部内への訓令。二一年三月使用終止（普2320）。

海軍省令　公文式により、一九年三月使用開始。官報で布告（公布）する。前身は乙（八年四月使用開始）または丙か（明19要88）。

達（海軍省達）　明治二一年三月使用開始（普2320）。前身は普。部内一般に対する令達または部外に関係する令達。允裁令達を含む。永久的事項を規定し、官報に登載しない。

内令　明治二九年三月使用開始（官1036）。前身は勅令（明28官4080）[25]。「軍令軍政」「軍機」に関する秘密の部内令達。允裁令達を含む。その種類及び規定内容は次の通り。

内令　艦隊の編制及び任務、航空隊の編制、海軍定員令、軍令承行令など

内令兵　明治四一年一〇月使用開始（内185）。兵器に関する事項。一般内令と別の番号を付す

内令員　昭和一九年二月使用開始（内245）。海軍定員令（内令）による定員及び配置。一般内令と別の番号を付す。

官房・官房機密　明治一九年一月使用開始か（海軍省条例）。部内に対する令達、告示、文書。秘密事項の達に相当する場合あり。機密事項は明治三〇年より機密、三六年一二月より官房機密とした。尚、明治三三年五月から三六年一二月までの間は、大臣官房に代えて総務局が置かれたため、官房の代わりに海総という番号を用いた。

5　宮内大臣

宮内省令　公式令により、明治四〇年三月使用開始。官報で公布する。前身は宮内省達甲。

三　外地行政機関の発する法令

1　台湾総督

律令　明治二九年五月使用開始（法63。名称指定なし。効力延長明32法7・明35法20・明38法42）。台湾新報等または府報で公布する（明29台令18、改正明30台令34、全改明31台令21、全改明33台令70、全改明34台令103、全改昭8台令2台湾総督府命令公布式）。総督が管轄区域に発する命令で、法律の効力を有する。発令には、事前に、台湾総督府評議会の議決を取り拓殖務大臣を経て勅裁を請うことを原則とする。明治三九年四月の後続法律（法31。効力延長明44法50・大5法28）によると、律令は、総督が台湾に発する命令で、法律事項を規定する。発令には、事前に、主務大臣を経て勅裁を請うことを原則とする。律令は台湾に施行される法律及び勅令に反することができない。大正一〇年三月の後続法律（法3、失効昭27条5）によると、律令は、総督が台湾に発する命令であり、施行すべき法律がない法律事項等を、台湾特殊の事情により必要ある場合に限り規定する。発令には、事前に、主務大臣を経て勅裁を請うことを原則とする。律令は台湾に施行される法律及び勅令に反することができない。

台湾総督府令　明治二九年四月使用開始（勅88台湾総督府条例、全改明30勅362、失効昭27条5）。総督がその職権または特別の委任により発する命令で、台湾新報等または府報で公布する（明29台令18、改正明30台令34、全改明31台令21、全改明33台令70、全改明34台令103、全改昭8台令2台湾総督府命令公布式）。

2　朝鮮総督

制令　明治四三年八月使用開始（緊勅324及び明44法30、失効昭27条5）。総督が、朝鮮に施行される法律及び勅令の範囲内で、法律事項を規定する命令。朝鮮総督府官報で公布する（明43統監府令50）。発布には、事前に、内閣総理大臣を経て勅裁を得ることを原則とする。

朝鮮総督府令　明治四三年一〇月使用開始（勅354朝鮮総督府官制、失効昭27条5）。総督がその職権または特別の委任により発する命令で、朝鮮総督府官報で公布する（明43朝令1朝鮮総督府令公文式[26]）。

3　関東都督・関東長官・満洲国駐箚特命全権大使

関東都督府令　明治三九年九月使用開始（勅196関東都督府官制、廃止大8勅94）。都督がその職権または特別の委任により発する命令で、遼東新報附録府報で公布する（明39関都令1関東都督府公布式、廃止大8関庁令4）。

関東庁令　大正八年四月一二日使用開始（勅94関東庁官制、全改昭9勅348）。関東長官がその職権または特別の委任により発する命令で、関東庁庁報で布告する（四月一三日関庁令4関東庁令公布式、廃止昭9関局令1）。

関東局令　昭和九年一二月使用開始（勅348関東局官制、失効昭27条5。名称指定なし）。満洲国駐箚特命全権大使が、関東州庁の監督等・南満洲鉄道附属地の行政の管理・南満洲鉄道株式会社等の業務の監督を行うについて、職権または特別の委任により発する命令。関東局局報で公布する（昭9関局令1関東局令公布式）。

在満洲国大使館令　昭和一二年一二月使用開始（勅680、廃止昭15勅268。名称指定なし。参照昭12条15）。満洲国駐箚特命全権大使が、日本が満洲国で行う神社行政及び教育行政の事務について、職権または特別の委任により発する命令。教務部部報で公布する（昭12満使令1在満洲国大使館令公布式、廃止昭15満教令1）。

在満教務部令　昭和一五年四月使用開始（勅268、失効昭27条5。名称指定なし）。満洲国駐箚特

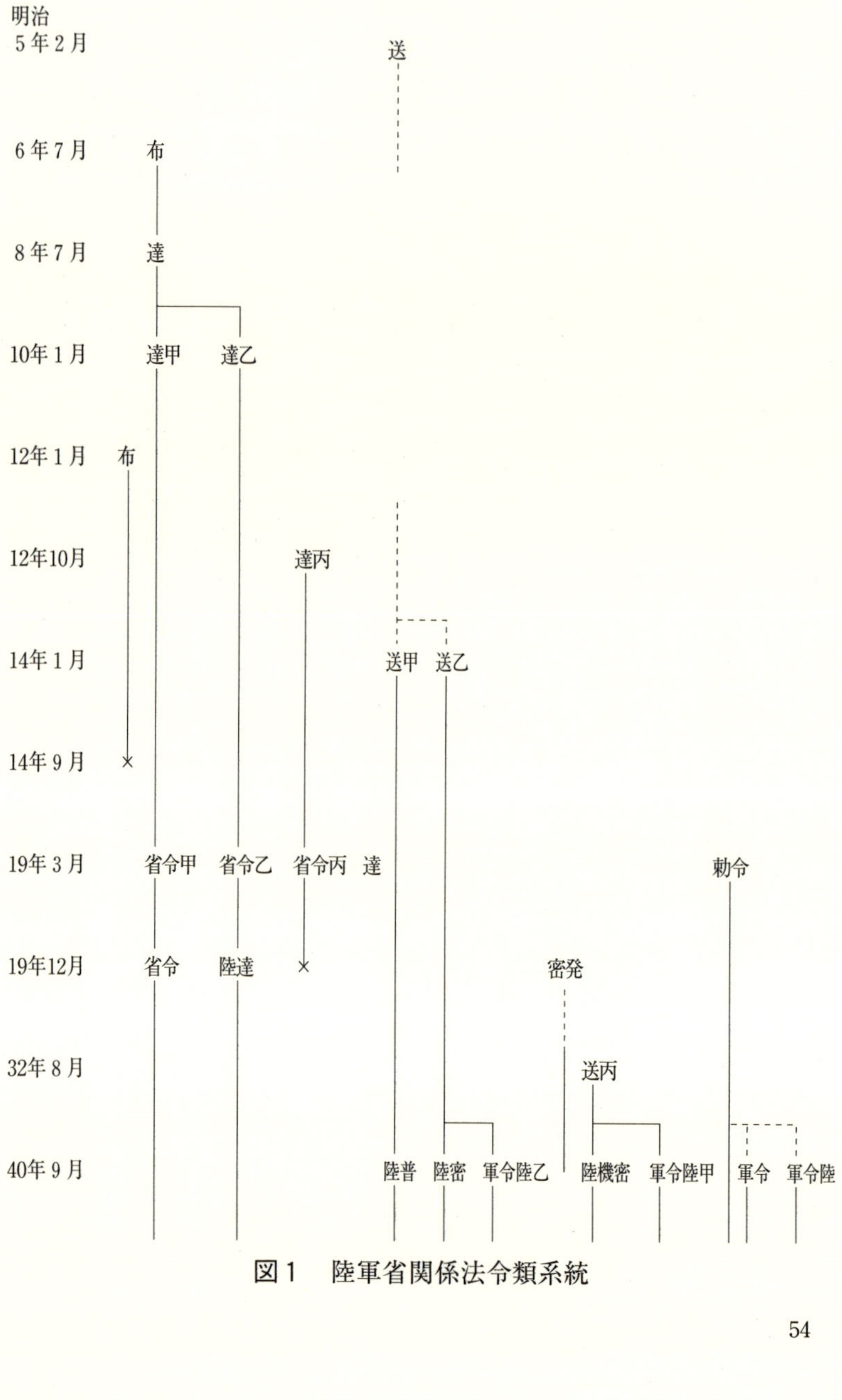
明治
5年2月
6年7月
8年7月
10年1月
12年1月
12年10月
14年1月
14年9月
19年3月
19年12月
32年8月
40年9月
送
布
達
達甲
達乙
布
達丙
送甲
送乙
×
省令甲
省令乙
省令丙
達
勅令
省令
陸達
×
密発
送丙
陸普
陸密
軍令陸乙
陸機密
軍令陸甲
軍令
軍令陸

図1　陸軍省関係法令類系統

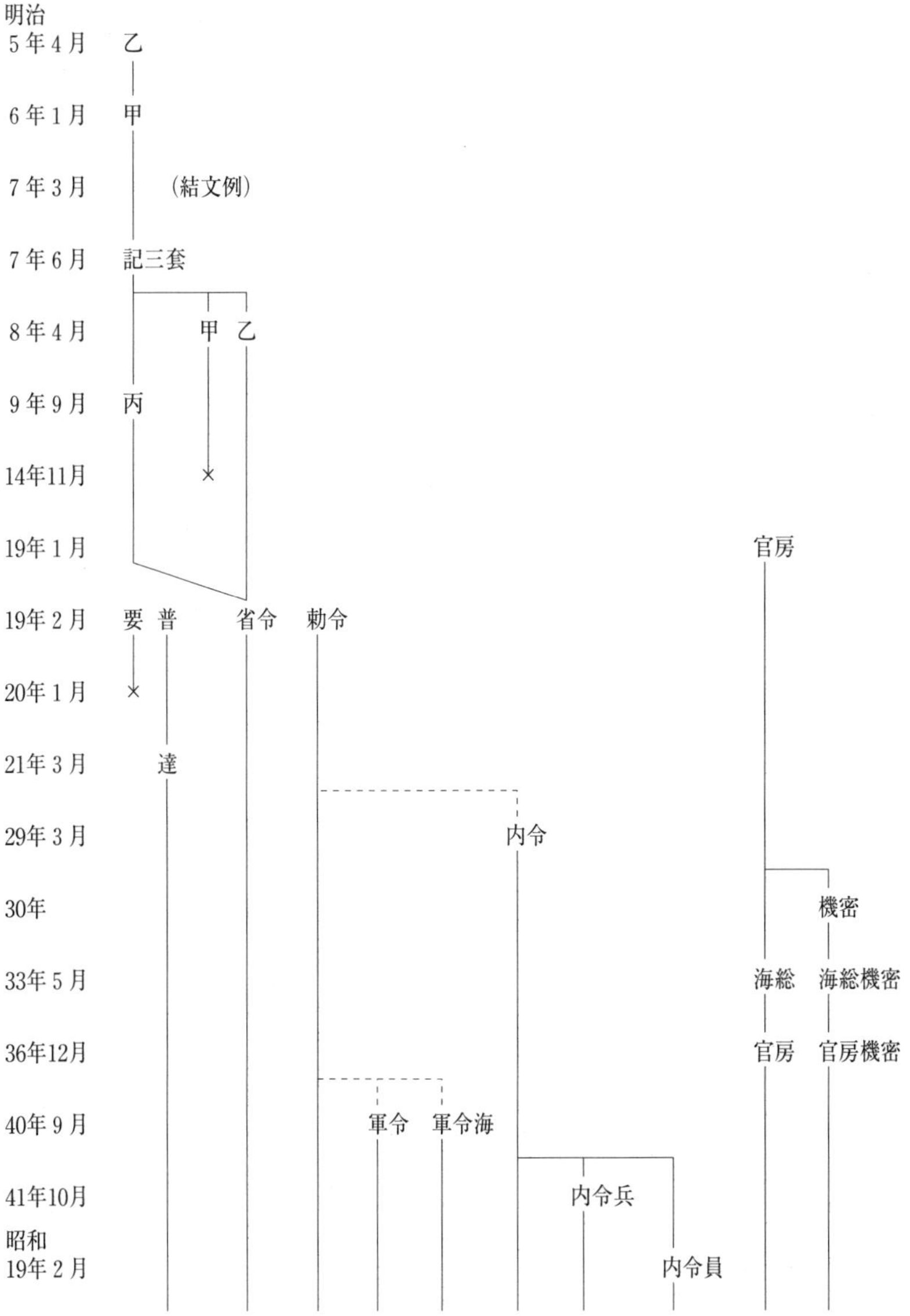

図2　海軍省関係法令類系統

命全権大使が、日本が満洲国で行う神社行政及び教育行政の事務について、職権または特別の委任により発する命令。関東局局報で公布する（昭15満教令1在満教務部令公布式）。

4　樺太庁長官

樺太庁令　明治四〇年四月使用開始（勅33樺太庁官制、失効昭27条5）。樺太庁長官がその職権または特別の委任により発する命令で、樺太日々新聞付録庁報等で公布する（明40樺令1樺太庁令公布式、全改大7樺令12樺太庁公文式）。

5　南洋庁長官

南洋庁令　大正一一年四月使用開始（勅107南洋庁官制、失効昭27条5）。南洋庁長官がその職権または特別の委任により発する命令で、南洋庁公報で布告する（大11南令2南洋庁令公布式）。

第三節　平時と戦時の区別

軍事法令をはじめ諸法令は、戦時に関する規定を設け、法令の適用等に関し平時と戦時・事変を区別している場合がある。従って、これら法令の適用等のためには、平時と戦時・事変の境界区分（戦時・事変の期間）を定めることが必要となる。事変に関する境界区分の規定はないが、戦時に関しては明治一五年八月の太政官布告第三七号（廃止昭29法203）があった。即ち「凡ソ法律規則中戦時ト稱スルハ外患又ハ内亂アルニ際シ布告ヲ以テ定ルモノトス」であり、この布告があって初めて法的な意味での戦時となった。わが国は、正式の戦争（事変ではない）に際して、第三七号に基づく布告を発することなく、戦時に関する規定を適用した。戦時区分は、宣戦詔書の日付と関係なく、実際の戦闘開始を始点とする場合があった。[27]

註（1）本項における行政命令とは、行政機関が発する命令の総称であり、旧来の、法規命令と行政命令の区別は採用しない。この区別によると、行政機関が発する命令は法規命令と行政命令に二分され、法規命令とは、法規（国民の権利義務の設定及び変更）を定める命令であり、行政命令とは法規を定めない命令を云う。しかし、実際には、法規命令に分類される命令が法規以外（非法規）を含む場合があるから、こうした命令の内容がすべて法規とは限らず、この区別は、命令の内容と正確に対応しているわけではない。

（2）軍隊行動命令は統帥命令、作戦命令と呼ばれ、奉勅命令、指示命令、各級指揮官命令の三段階がある。奉勅命令は、天皇が発し参謀総長や海軍軍令部長、大本営が伝達する。指示命令は、天皇の委任により参謀総長や海軍軍令部長が奉勅命令の細項を指示するものである。奉勅命令には、例えば、陸軍の「参命」「作命」「臨参命」「大陸命」や海軍の「命」「海総」「大海令」がある。指示命令には、例えば、陸軍の「命」「臨命」「大陸指」や海軍の「大海訓」「大海指」がある。

（3）陸海軍省の部内令達は次の点で特殊性を有した。①機密保持を理由として、本来なら勅令や省令で扱うべき事項を規定する場合があった。②省令以下の法令形式でありながら、允裁令達として天皇の意思を表示する場合があった。

（4）特定の戦争や事変に関する文書番号を、表記上、区別する場合があった。陸軍では、例えば、日露戦争に関し「満」（参照明37送乙1）、満洲事変に関し「陸満」、支那事変に関し「陸支」、大東亜戦争に関し「陸亞」

を付し、密発を満密発、陸機密を陸満機密、陸密を陸支密、陸普を陸亜普などとした。尚、北清事変に関し「臨清」を、シベリア出兵に関し「西」を、日独戦争に関し「歐」を付した文書が存在する。

(5) 但し、華士族及び社寺に対する文書にも「布告候事」という結文を付した。

(6) 但し、華士族及び社寺に対する文書にも「布達候事」という結文を付した。

(7) 明治七年三月から四月までの間、海軍省には、結文例による布達と達が存在した。

(8)『海軍省布達全書』明治七年五月の甲57附言に曰く、「本月十九日甲第五拾三號布達之通秘史軍務両局廢止記録課ヲ被置候依テ六月一日ヨリ記三套ヲ以テ回達番號ニ冠セシム」。

(9)『海軍省布達全書』明治九年八月一九日号外附言に曰く、「本年八月職制章程御改正ニ據リ各府縣エノ布達書ハ甲乙二號ヲ冠シ所轄一般ハ前號記三套ヲ廢シ總テ丙字ヲ以テ回達番號ニ冠シ九月一日ヨリ施行ス」。

(10) これ以前の宮内省の令達類に関しては、不明の部分が多い。

華　明治九年三月使用開始。華族一般への達番号。一〇年一月より、甲華（華族一般へ）と乙華（華族一部へ）に分けた。甲華は同年三月使用終止か。乙華は同年一月使用終止か。甲及び乙の使用開始により、一二年二月、華の使用を「自ラ廃止」とした（宮内庁書陵部所蔵「例規録」）。

乙　一二年三月使用開始。宮内一部への達番号。一八年一二月使用終止。

甲　一二年一一月使用開始。宮内一般への布達番号。一五年一一月より告示番号として使用。一八年一一月使用終止。

(11) 有賀長雄編『帝室制度稿本』の「解題」参照。

(12) 例えば、登記法（明19法1、廃止明32法46）。

(13) これ以前の予算は、明治六年六月より太政官達（明6太達外、明7太達62等）、明治一九年四月より勅令がある。

（明19勅22等）の形式で公布されていた。予算の公布（公表）に関しては、前掲太政官達（明6太達外）に言及

（14）議会が軍事に関する予算及び決算の内容を把握し、これらに関し実質的な審議を行うことは、次の点から困難であった。①陸海軍の出師準備に属する物品は、陸軍大臣または海軍大臣が会計上の責任を負い、会計検査院法の適用を受けなかった（明23法70）。②臨時軍事費特別会計を一般の歳入歳出と区分し、事件終局までを一会計年度としたため（明27法24、明37法2、大3法42、昭12法85）、実際の会計年度が一ヶ年以上数ヶ年に亙り、追加予算の提出が随時可能となった。③昭和一七年二月の会計法戦時特例（法10）により、戦地事変地等における現金物品の亡失等につき、国務大臣（陸軍大臣または海軍大臣）の認定で陸海軍の出納官吏の責任を解除した。④一八年一〇月の同法改正（法100）により、大東亜戦争に際して、会計事務の簡捷化のため、勅令により、一つの会計または勘定に属する経費及び収入を別の会計または勘定に移すことを認めた。⑤二〇年二月、同法改正（法6）により、大東亜戦争に際し、議会の参考に供する歳入予算明細書、各省予定経費要求書、そして歳入決算明細書、各省決算報告書、国債計算書の添付を省略することを認めた。⑥満洲事変以降、予算科目の統合と科目数の削減が行われた。

（15）この制定手続（勅令による勅令形式の創定）によって、明治四〇年軍令第一号の制定手続（軍令による軍令形式の創定）を正当化することはできない。

（16）但し、貴族院の組織等に関する規定も勅令で定められ（明22勅11貴族院令）、その改正増補には貴族院の議決を要した。

（17）陸軍省は関係勅令への首相副署を忌避する傾向にあった。明治三四年一〇月、陸軍省は内閣に対し、首相の連署を要する勅令を限定したき旨申進し、連署を要する勅令として、東宮武官官制、侍従武官官制、皇族附

陸軍武官官制、参謀本部条例、教育総監部条例、陸地測量官官制を挙げた（送甲1122）。三八年一二月、明34送甲1122に関し、参謀本部条例を陸相のみ副署する勅令としたき旨及び教育総監部条例が陸相副署のみで発布されている現状を申進した（送甲840）。同月、参謀本部条例（勅286）を陸相単独副署で発布した。三九年七月、明34送甲1122に関し、参謀本部条例及び教育総監部条例を陸相のみ副署する勅令としたき旨申進した（送甲731。送201で承認回答）。

（18）軍令制度は、明治四〇年軍令第一号（陸海相副署）によって創始された。この制定手続は公式令（大権施行に関する詔書及び国務に関する勅書には、首相の副署を要する）に反する。この手続が合法となるためには「統帥は国務ではない」という前提を要するが、憲法及び公式令は、これを規定していない。この手続の目的は、軍機軍令に関する天皇の命令（勅令相当）から首相副署を排除するに際し公式令改正（首相の同意を要する）という手続を回避することにあった。軍令制度を発案したのは陸軍省であるが、倉富勇三郎（日記昭和五年五月七日条）によると、穂積八束及び一木喜徳郎もこれに関与しており、また、軍令による軍令の制定については「軍機ニ関スル事項ハ軍令ヲ以テ之ヲ定ムルコトハ固有ノモノナル故特ニ権限ヲ附與スル様ノ形式ヲ要セス」との説明が行われていたと云う。この合法説には、美濃部達吉と藤田嗣雄が与した。藤田は「行政権とは別個の問題として考えられた統帥権がその統帥権に基き自己の法形式を定めることは何も違憲ではない」と述べている。一方、海軍省側では、軍令という形式自体は一般の行政事項だから勅令で定め、この勅令に基づいて軍令第一号を帷幄上奏で発すべきだという参事官の意見が存在したと云う。清水澄は、軍令第一号は公式令の例外規定であるから、これを勅令以外で定めるのは違法だと述べ、市村光恵は、軍令第一号による軍令の制定を「事物ノ顚倒」として批判した。これら違法説には、松下芳男が与した。

（19）軍令第一号は、軍令の文書形式だけでなく意義内容までも規定しており、軍令の形式で定められた事項は、いかなる事項でも「統帥」事項と見なされることになる。尚、軍令は①文書形式だけでなく意義内容までも根拠法令で規定されている、②「勅定ヲ経タル規程」である、③発表（公示）しない規程の存在を認めている、の三点で、公式令による皇室令に近似する。

(20) 明治四〇年三月より、官報で公布しない海軍の令達訓令一般は、特に施行期日を定めない限り、発布の日より施行することになった（達14）。

(21) 同一の軍令において、公示部分と非公示部分を区別する場合が存在した。公示部分は上諭及び軍令番号を付して発せられ、非公示部分は当該軍令の一部であることを明示して令達された（昭16陸普1963）。

(22) 明治三三年四月に皇室婚嫁令が、三五年五月に皇室誕生令が、官報号外で公表された（宮相副署）。これらは皇室令や勅令といった名称を持たないが、官報及び法令全書の目録では勅令の部に掲げられた。

(23) 允裁令達の意義は、当該法令に依命通達の性格を付与することにある。允裁令達は、発令者が天皇の代理であることを示し、受命者に対し天皇への服属関係を強調する。

(24)「明治三十二年九月起　軍事機密大日記　陸軍省副官」に、八月二四日付送丙第一号要塞弾薬備附規則制定ほかの記載がある。

(25) 官4080海相請議「軍令軍政ニ屬スル法令發布ニ關スル件」の趣旨は、①秘密保持のため、今後、軍艦團隊定員表の類は勅令で公布せず海相から部内に令達したい、②当該事項のうち、軍令事項は海軍軍令部長より上奏し内閣官制第七条に基づき海相より報告し、軍政事項は海相より閣議に提出する、というもので、同年一二月、内閣より承認の回答があった（批15）。明治二九年三月の官1036は、明28官4080の趣旨に基づいた。同月、軍艦團隊定員表が廃止され（勅111）、海軍定員令（内1。閣議経由）が制定された。

(26) 韓国に置かれた統監（保護対象国監督機関）は、統監府令を発することができた（明38勅267統監府及理事庁官制)。

(27) 例えば、日清戦争の宣戦詔勅は明治二七年八月二日付であるが、戦時の始期は豊島沖海戦のあった七月二五日であった。

(＊) 図1、図2における時期の区分は大凡のものである。

各論

第六章　軍事組織

第一節　概　説

軍事組織は、主任機関、補助機関、執行機関から構成されている。本章では、原則として、天皇とこれに直隷・直属する平時の主任機関を取り扱う。

主任機関とは意思決定権を有する機関で、通常、意思表示権（発令権）を併せ持つものをいう。主任機関は、その構成から、独任制と合議制の機関に分かれる。補助機関は主任機関の権限行使を補助し、執行機関は主任機関の決定を実施する。以上は理論上の区別であり、実際には主任機関と補助機関や執行機関が一体化して機関作用を行う場合が多く、また補助機関の一部は執行機関を兼ねるのが普通である。

第二節　軍事最高機関

明治憲法体制における軍事最高機関は天皇[1]である。憲法は、天皇が従前から有していた軍事権限を、統治権の一部として確認した。天皇は軍事に関する官制及び軍人軍属の俸給を定め、軍人軍属を任免する（憲法第一〇条）[2]。天皇は軍を統帥し（一一条）、編制し、常備兵額を定める（一二条）。天皇は宣戦し講和し（一三条）、戒厳を宣告し（一四条）、また、軍事上の必要により臣民の権利義務を変更する（三一条）。

天皇は統治権の主体である（一条）。天皇は国家の最高機関であり、憲法に基づいて統治権を行使する（四条）。天皇は立法権を有し（五条）、司法権は天皇の名において行使される（五七条）。憲法上、天皇は無答責であり[3]（三条）、国務各大臣の輔弼を受ける（五五条）。国務大臣は憲法に規定された唯一の輔弼機関であり[4]、輔弼責任を負う。輔弼事項に限定はないから、国務大臣は天皇の憲法上の行為全般を輔弼すべきであり、いわゆる統帥権の独立[5]——統帥権を国務大臣の輔弼事項から除外する——は違憲の慣行[6]である。理論的には、この慣行において、天皇は統帥権の行使につき有責であり[7]、憲法第三条によって救済されることはない。憲法を踰越した行為に関し、憲法において、その責任を解除することはできないからである。

摂政（皇族男子または女子）は、天皇の名において、軍事権限を含む大権を行使する（一七条）。但し、摂政は、天皇が未成年（年齢一八歳未満）の場合に、または、久しい故障により「大政ヲ親ラスルコト」ができない場合に、置かれる（皇室典範第一九条）。

天皇は、通常、軍事権限を下級の軍事諸機関に配分委任していた。但し、戦争事変に際しては軍事権限を包括委任することがあり、それは憲法施行後にも行われた(8)。受任者の多くは皇族(9)であり、例えば、戊辰戦争の軍事総裁・征討大将軍・東征大総督、佐賀の乱の征討総督、西南戦争の征討総督（以上、皇族文官）、日清戦争の征清大総督（皇族武官）がある。佐賀の乱に際し、初めて一般文官への委任があったが、程なく皇族文官（元武官）を征討総督に任命した。台湾征討において、初めて一般武官への委任（台湾蕃地事務都督）があり、明治三三年の北清事変において、外国武官（連合軍総指揮官）への委任があった。

昭和二〇年九月二日、天皇は臣民に対し詔書を発し、降伏文書の履行等を命じた。降伏文書により、天皇の国家統治権は連合国（連合勢力）最高司令官に従属 subject することになり、天皇は軍事最高機関としての地位を失った。

註（1）①天皇は、服制上、明治五年五月から昭和二〇年一一月まで軍人であり（皇37）、特に、明治五年九月からは「大元帥」であった。天皇は、陸軍及び海軍の武官を兼ね（明13太達55、大2皇9天皇ノ御服ニ関スル件。明43皇2皇族身位令）、事実上、終身現役であった。天皇が海軍式制服を初めて着用したのは、明治三八年一〇月である。②明治一一年一一月、皇太子を陸軍歩兵少尉に任じ、三一年一一月、陸軍歩兵大尉たる同人を陸軍歩兵少佐兼海軍少佐に任じた。四三年三月、満一〇年以上の皇太子皇太孫は陸軍及び海軍の武官を兼ねる旨規定した（皇2）。③明治四三年三月、満一八年以上の親王王は、原則として、陸軍または海軍の武官に任じる旨規定した（皇2）。④韓国併合に伴い、明治四三年一二月、李王及び王世子以下の名誉を表彰するため、同人以下に陸軍武官の制服を着用させ同官相当の礼遇を与えることとした（陸普4995ラル）。李王には陸軍大将、王世子

には陸軍歩兵中尉の制服が認められた。大正一〇年四月、将来必要に応じ、陸軍大臣の奏請に依り、李王以下を朝鮮軍司令部付に命課し得ることとした（陸普1840）。⑤大正一五年一二月、満一八年以上の王王世子王世孫公は、原則として、陸軍または海軍の武官に任じる旨規定した（皇17王公家軌範）。

（2）天皇は、関係法令に拘束されずに任免権を行使する場合があった。明治三四年一二月に部下哨兵（海軍三等兵曹）に対する殴打致死罪で重禁錮二年に処せられ失官した元海軍大尉を同月、特旨により復官させた例がある。

（3）第三条にいう「神聖不可侵」の法的意義は、具体的には、刑事訴追を受けない、ということである（参照明42皇2摂政令4）。

（4）憲法外の輔弼機関には、内大臣（明18太達68、明40皇4内大臣府官制、廃止昭20皇41）及び宮内大臣（明19宮省達1宮内省官制、明40皇3、廃止昭22皇12）があった。内大臣の輔弼事項に限定はなく、宮内大臣は皇室事務につき輔弼し、その責任を負担した。

（5）統帥権の独立は、統率について、①統率機関（統率補佐機関を含む）が一般行政機関や立法機関の関与を受けないこと、または②現地統率機関が中央統率機関の関与を受けないことを指す。憲法体制上の問題となるのは、主として、①の意味での独立である。但し、わが国では、立法機関の権限が著しく抑制されていたため、立法機関からの独立は当然であり、一般行政機関からの独立が争点となっていた。わが国における統帥権は、陸軍（参謀本部）で明治一一年に、海軍（海軍軍令部）で明治二六年に独立した。

（6）無論、現実においては、政府は、この慣行を合憲と判断せざるを得なかった。その見解は、例えば、貴族院議員花井卓蔵の質問に対する大正一四年三月二四日の答弁書に見ることができる（句読点を付して抄出）。「憲法第十一條ノ統帥大權ハ、憲法第五十五條ニ於ケル國務各大臣輔弼ノ責任ノ範圍ヨリハ、除外セラルルモノト考フ。尤モ、統帥ニ關スル事項ニハ、國務各大臣輔弼ノ責ニ當ルヘキ事項ト緊密ノ關係ヲ有スルモノアルヲ以テ、其ノ國務ニ關スル範圍ニ於テハ、國務各大臣ハ之ニ参畫シ輔弼ノ責ニ任ス。〔中略〕政府ハ、憲法第十一條ノ統帥大權ハ所謂帷幄ノ大權ニシテ第十二條ノ大權ヲ包含セスト解ス。尤モ、第十二條大權ハ、第十一條大權ト密接ノ關係ヲ有スルヲ以テ、其ノ行使ノ上ニ於テハ第十一條大權ノ作用ヲ受クルモノアリ」。

(7) 但し、天皇が責任を負担する方式は法的には存在しなかった。退位も法的には認められていなかった。

(8) **戊辰戦争**　明治元年一月三日、仁和寺宮を軍事総裁とし、守衛兵士の「指揮進退」権を与えた。二月一二日、海陸軍の「進退駈引」を各方面の総督に委任した。明治二年一一月一五日、兵部省より東京府へ諸藩兵の一部を送って府兵とし、東京府にその指揮権及び人事権を委任した（御沙汰）。

佐賀の乱　明治七年二月四日、佐賀県権令岩村高俊に兵力使用権を委任し（指令）、同月一〇日、参議兼内務卿大久保利通に兵力使用権、兵力移動権、兵員徴募権を委任した（委任状）。同月一九日、陸軍少尉嘉彰親王を征討総督とし（二五日達外）、同月二三日、嘉彰親王の陸軍少尉を免じ、同月二六日、征討総督に陸軍大将の制服を着用させることとした（陸軍大輔届出）。三月一日、大久保参議に対する軍事権限の委任を解除し（達）、同日、征討総督に軍務全権、人事権、兵員徴募権を委任した（委任状）。同月二七日、征討総督を免じ（達）、九月一三日、前征討総督嘉彰親王を陸軍少将に任じた。

台湾征討　明治七年四月四日、陸軍中将西郷従道を台湾蕃地事務都督とし（辞令）、四月五日、台湾蕃地事務都督に軍務全権を委任した（勅）。

西南戦争　明治一〇年二月一九日、熾仁親王（元老院議長）を征討総督とし（辞令）、同じく二月一九日、征討総督に軍事全権及び人事権を委任した（勅語）。

日清戦争　明治二七年六月二日、熾仁親王（参謀総長陸軍大将）に陸海軍を総裁させることとした。明治二八年三月一六日、彰仁親王（参謀総長陸軍大将）に征清大総督を命じ、勅語により、「出征全團」の指揮権及び将官以下人事権を委任した。

北清事変　明治三三年八月八日、天皇は、ドイツ皇帝による連合軍総指揮官の指名に同意し、九月一二日、第五師団長に対し、連合軍総指揮官の指揮を受けるべき旨訓令した（三四年六月三日に連合軍司令部解散）。尚、外国武官は天皇の統帥権の外にあるから、外国武官に対する統帥権の委任は違憲である。日本武官に対する委任の場合、委任先が天皇の統帥権の下にあるから、天皇は統帥権を随時に回収できる。

（9）明治六年一二月の達により、年長者以外の皇族を海陸軍に従事させることとした。

第三節　軍事立法機関

天皇は帝国議会[1]の協賛により軍事に関する立法権を行使する。帝国議会は立法機関ではなく、立法協賛機関である。ここにいう立法権は法律制定権を意味し、勅令や軍令など他の法令の制定権は、天皇及びその委任を受けた軍事行政機関に属した。これら法令の制定は法律に依拠しない場合があった。

註（1）明治二四年一二月、貴族院議員予備役陸軍中將小澤武雄は、貴族院本会議で軍備批判の演説を行った後、陸軍中将を免官となった。小澤の免官は依願の形式で行われたから（「依願」を要求する上諭は事前に出されていた）、懲戒処分ではない。しかし、この事件は誤解され、官吏（文武官）たる議員は憲法第五二条（議員の発言表決の無責任）によっても救済されず懲戒処分を受けるという謬説を生じた。

第四節　軍事行政機関

第一項　陸軍大臣及び海軍大臣

一　法的地位

陸軍大臣及び海軍大臣（軍部大臣）は、行政大臣として、軍政を管理し、軍人軍属を統督し、所属諸部を監督する。陸軍大臣及び海軍大臣は文官（軍属）である（明19勅6高等官官等俸給令）。

陸軍省及び海軍省の前身は、明治二年七月、太政官に置かれた兵部省である。兵部卿は、左右大臣の下僚として軍事を管掌した。四年七月、兵部省職員令により、兵部卿の任用資格を少将以上とした。明治五年二月、兵部省に代えて陸軍省及び海軍省を創設した。陸軍省職制は陸軍卿の任用資格を定めなかったが、同年一〇月の海軍省職制は卿を元帥相当の官職とした。

陸軍省及び海軍省の機構は、明治九年一月の陸軍職制及事務章程及び九月の海軍省職制及事務章程によって整備された。陸軍省は陸軍の事務を管理する。陸軍卿（将官）は陸軍の軍人軍属を統率し、事務を総判し、宣戦・出兵・戒厳を奏請・施行する。海軍省は海軍戦艦に関する事務を管理する。海軍卿（任用資格なし）は海軍の軍人軍属を「統率」し、事務を総判し、出兵を奏請・施行する。陸軍卿及び海軍卿は太政大臣に対し責任を負担した。九年八月、陸軍省事務章程により、陸軍卿の宣戦権を削除した。一一年一二月の参謀本部設置[1]を承け、一二年一〇月の陸軍職制及び陸軍省職制事務章程は、陸軍卿（陸軍将官）が親裁済の軍令（参謀本部長が参画）を奉行するとした。

明治一八年一二月、太政官制を廃止して内閣制を設けた（内閣職権）。陸軍大臣及び海軍大臣は、他の大臣と同様、内閣総理大臣の統督下にあった。但し、陸軍大臣だけは内閣職権第六条により、参謀本部長の上奏した軍機事項を内閣総理大臣に報告することになった。

一九年二月、陸軍省官制（勅2、廃止昭20勅675）及び海軍省官制（勅2、廃止昭20勅680）を定めた。陸軍大臣は陸軍の軍政を管理し、軍人軍属を統督する。[2]海軍大臣は海軍の軍政を管理し、軍人軍属を統督した。一九年四月、海軍全体に関する規定として海軍条例（勅24、廃止明26勅49）を定めた。海軍大臣は軍政を管掌すると共に、平時の軍令を奉行することになった。陸軍省職員及び海軍省職員は、原則として、武官から任用した。

二二年一二月、内閣官制を定め、内閣総理大臣の統督権を廃止した。これにより、陸軍大臣及び海軍大臣は内閣総理大臣と対等の地位を得た。また官制第七条により、陸軍大臣及び海軍大臣は、軍機軍令に関する上奏事項で内閣に下付のなかった事項を、内閣総理大臣に報告することになった。即ち、海軍大臣も、陸軍大臣と同様、上奏に関与することになり、報告事項が軍機から軍機軍令に拡大した。官制第七条は上奏の主体を明記しなかったため、参謀本部長に加え陸軍大臣及び海軍大臣等も上奏権を持つかのような法令解釈を招いた。(3) 第七条における陸軍大臣と海軍大臣は、単なる報告者に過ぎないが、軍部は、本条を根拠として、陸軍大臣と海軍大臣に軍令（施行）機関の性格を付与し、また上奏事項の拡大を進めた。(4) 二三年一一月、憲法の施行により、陸軍大臣及び海軍大臣は国務大臣となった。

二　任用資格

国務大臣（行政大臣を含む）は親任官であり、文官任用令の適用を受けない。従って、帰化人等（明32法66国籍法）や犯罪者を排除する以外には、その任用資格に別段の制限はない。しかし、陸軍省官制及び海軍省官制は、陸軍大臣及び海軍大臣に関して特殊な資格制限――武官でなければ、文官になれない――を設けた。これが軍部大臣武官制であり、(5) この制限を更に厳しくしたのが軍部大臣現役武官制である。但し、資格制限の有無如何に拘わらず、実際の軍部大臣は、すべて現役武官（現役列遇者を含む）であった

明治初年以来、卿及び大臣の任用資格は「少将以上」「将官」「武官」などと推移し、また資格制限を全く欠く時期があった。同様の時期は、憲法施行後にも存在し、海軍大臣に関しては二三年三月から、陸軍大臣に関しては二四年八月から資格制限がなかった。三三年五月、陸軍大臣及び海軍大臣の任用資格を現役大中将に限定し、現役武官制を明示した。(6) 大正二年六月、大臣の任用資格を単に大中将とし、現役以外の任用を認めて単なる武官制を採用したが、(7) 昭和

一一年五月、大臣の任用資格を現役大中将に戻し、現役武官制に復帰した[8]。

現役武官制は、軍部の組織防衛策として理解することができる。軍部にとって必要なのは、軍部という組織の利益を純粋に代表する大臣であり、そうした役割を軍部組織の一員でない者——予後備役軍人や一般人——には期待できないからである[9]。軍部大臣が（1）軍人軍属を統督し（2）軍令事項に関与し（3）軍事上の専門知識を必要とすることを主張しても、現役武官制を正当化する決め手とはならない。（1）統督権は行政大臣としての権限であり、（2）行政大臣を軍令事項から排除する明文規定は存在せず、（3）行政大臣は主任事務に関する詳細な専門知識を必要としない。逆に、現役武官が大臣になると、公然政治に関与することになり、軍刑法に違反する虞れがある[10]。

第二項　内閣総理大臣

明治一八年一二月、内閣総理大臣を置いた（太達69）。内閣職権によると、内閣総理大臣は各大臣の首班として機務を奏宣し、また、天皇の旨を承けて「大政ノ方向ヲ指示」し、行政各部を統督した。二二年一二月、内閣官制（勅135、廃止昭22政4）を定め、従来の指示権と統督権を廃止して「行政各部ノ統一ヲ保持スル」権限に代えた。二三年一一月、憲法の施行により内閣総理大臣は憲法上の国務大臣となった[11]。

大正九年八月、内閣総理大臣に、軍需工業動員法の施行統轄のため、命令を発し関係各庁を指揮命令する権限を認め（勅342）、昭和一四年九月、国家総動員法の施行統轄のため指示を行う権限を認めた（勅672）。一八年三月の戦時行政職権特例（勅133）により、大東亜戦争[12]に際し、内閣総理大臣は重要軍需物資の生産拡充のため関係各大臣に指示を行うことができた。

第三項　各省大臣

各省大臣（陸軍大臣及び海軍大臣を含む）は主任の行政事務を「管理」する機関である。明治一九年二月の各省官制通則（勅2）によると、主任の事務について責任を負う。また主任の事務について（1）法律案及び勅令案を閣議に「提出スルコトヲ得」、（2）内閣総理大臣に状況を報告しなければならず、（3）警視総監、北海道長官、県知事及び県令に対し指令訓令を発することができ、これらを監督する。二三年三月、法律案及び勅令案を閣議に「提出スヘシ」とし（勅50）、二三年一一月、憲法施行により各省大臣は憲法上の国務大臣となった。二四年七月、内閣総理大臣への報告制を削った（勅81）。

註（1）明治一一年一二月二四日、陸軍卿及び参謀本部長による陸軍軍政事項の直接上奏が開始された。

（2）憲兵は陸軍兵科の一つとして陸軍大臣の管轄下にあり、同時に、他の行政機関にも隷した。憲兵条例（明14太達11、明治22勅、昭4勅65憲兵令）によると、憲兵は、軍事警察のほか、行政警察及び司法警察に任じる。

軍事警察については陸軍大臣及び海軍大臣に、行政警察については内務大臣に、司法警察については司法大臣に隷する。いわゆる外地では、原則として、軍事警察に関して現地軍司令官に、行政警察及び司法警察に関して外地行政機関に隷した。憲兵は職務執行に関し警視総監や地方官、検察官の指示を承ける。憲兵の勤務を補助する者には、補助憲兵（憲兵科以外の兵科より任命。明38勅208、大8勅86、昭12勅441、昭20勅64）、憲兵補（朝鮮人・台湾人の志願者より採用される軍属。大8勅397、大8陸省令26、昭17陸省令1。尚、その前身として、韓国駐箚憲兵隊の憲兵補助員（明43勅301））、憲補（満洲国民の志願者より採用され、憲兵補に準じた。昭12陸省令64）がある。この他、野外要務令（明24陸達172、明40軍陸10、大3軍陸6陣中要務令）によって、戦地に置かれた野戦憲兵があり、軍隊及び駐軍地の秩序維持に任じた。また戦時補助憲兵は各兵科（憲兵科を含む）より採用され、占領地等の要地で憲兵勤務を補助した（明28陸達5戦時補助憲兵規則）。

（3）帷幄上奏は法令上の用語ではない。帷幄上奏は、広義には、参謀本部長・海軍軍令部長・教育総監による上奏、そして、陸軍大臣・海軍大臣による軍機軍令事項の上奏を指す。帷幄上奏は軍事に関する直接上奏である。直接上奏とは、補助機関が、他者を経由せずに、君主に決定を求めて意見を具申することをいう。一般に、君主制において、直接上奏権は最重要の権限である。なぜなら、上奏の内容が、君主の決定に重大な影響を及ぼすからである。直接上奏権は、憲法上の輔弼機関である国務大臣、憲法外の輔弼機関である内大臣と宮内大臣、また憲法上の補助機関である枢密院、帝国議会、会計検査院に認められている。

（4）上奏事項の拡大に関しては、例えば、次の事実が存在する。

（a）定員事項の一部は、明治二三年一一月の陸軍定員令制定に伴い、帷幄上奏によることが定例となった。制定理由書は、陸軍定員令の規定事項から陸軍省等の定員を除外し定員令を「純然タル行政部ノ官制」と区別したと述べている。尚、本定員令の意義は、憲法施行（議会開設）に備え、軍の組織編制の法的地位を議会及び内閣に対して確立防衛することにあった。制定理由書は、上奏手続の他、①軍の組織編制を勅令で制定公布し行政各部官制（勅令）との権衡をはかること、②軍の組織編制が憲法第一一条及び第一二条に基づくこと（同時に、関係予算は第六七条にいう既定の歳出となる）を主張していた。陸軍省は、本令制定により、内閣が制定理由書の内容も認めたと解した。

（b）明治二九年六月の陸軍定員令廃止（勅245）に関連して、手続上の過誤が存在した。明治二八年一二月、陸軍省は陸軍定員令の廃止及び平時編制の制定の方針を上奏した。二九年二月、陸軍平時編制（送乙651。後日施行。陸軍省等の定員を含む）が制定され、五月、陸軍省は編制の非公布に関し内閣に照会した（送甲857）。内閣はこの時点で編制制定の事実を知り、今回の制定は、四月の閣議決定・陸海軍大臣宛通牒（送31。行政事項に関連する軍事事項は上奏前に閣議を経由すべし）に反すると指摘した。陸軍省は内閣と協議し、書類を改変して、内閣への照会時期を前年一二月とした（送甲2533）。尚、陸軍省の方針に対しては、陸軍省参事官柳生一義が異論（定員は勅令で発布し、編制は帷幄の事務とする）を唱えた（貳大）。

（c）明治三三年五月、海軍省は海軍軍令部条例（勅197）及び鎮守府条例（勅198）等の改正を閣議に提出したが途中で撤回し帷幄上奏で実施した。同時に海軍定員令も帷幄上奏で改正した（内48）。

（5）陸海軍大臣は文官であるから、大臣の統督権は、文官が武官を統督することを意味する。このことは、軍部の立場から見ると重大な矛盾であった。しかし、陸海軍大臣が、他の各省大臣（国務大臣）と同等の立場で法律案の作成や予算案の編成に関与し、また、各議院に出席発言するためには、国務大臣として内閣（政府）の一員になる必要があり、この国務大臣を純然たる武官職とすることは困難であった。尚、武官が文官に転じることは認められていたが、文官が武官に転じることは禁止された（明19陸省乙1）。

（6）現役武官は、文官に任ぜられた場合、休職または予備役編入となるのが原則であるが、軍部大臣に任ぜられた場合は、現役のままとされた（明21勅91陸海軍将校分限令、明24勅79海軍将校分限令、明32勅68海軍高等武官准士官服役令、大3勅67陸軍将校分限令改正）。尚、陸軍省官制及び海軍省官制の附表にいう任用資格「大中将」は、各省の管掌事項からして、それぞれ「陸軍大中将」「海軍大中将」と解することが適当であるが、この表記を用いる限り、陸軍大臣に海軍大中将を任じ、海軍大臣に陸軍大中将を任じることも可能である。実際、この表現を用いていた時期に、陸軍将官が海軍大臣となり、海軍将官が陸軍大臣を臨時兼任する例があった。

（7）現役武官制の廃止に伴い、陸軍では、大正二年七月、陸軍大臣の伝宣する命令事項のうち、地方出兵、在外軍隊の任務、作戦計画等の事項を参謀総長に移管した（陸密161）。

（8）大正・昭和期のいわゆる政党内閣期には、内閣総理大臣が海軍大臣の事務管理を行うことがあったが、陸軍はこの例を認めなかった。このため、昭和五年、陸軍大臣の病気療養中に、現役陸軍中将が国務大臣として内閣員に列し、特に現役となって陸軍大臣を臨時代理するという複雑な手続が取られた。

（9）陸海軍省の参政官及び副参政官（大正三年一〇月から九年八月まで）と政務次官及び参与官（大正一三年八月から）は、帝国議会議員など現役武官以外を充てる官職であり、軍機軍令事項に関与できなかった（大3勅211・212、大13勅180・181）。

（10）但し、正当な職務行為は免責されていた（明13太布36刑法76または明40法45刑法35）。

（11）大正三年六月の防務会議規則（勅125、廃止大11勅408）による防務会議は、内閣・文官主導型の軍事審議機関として稀有の存在であった。防務会議は内閣総理大臣の監督に属し、陸海軍備の施設に関する重要事項を審議する。同事項は主務大臣より内閣総理大臣に具申し、内閣総理大臣が会議に付す。構成員は内閣総理大臣（議長）、外務大臣、大蔵大臣、陸軍大臣、海軍大臣、参謀総長、海軍軍令部長であり、幹事長には内閣書記官長を充てた。防務会議は、会議決定の手続や拘束力に関し具体的な規定を持たなかったためか、特に実績を挙げなかった。
(12) 昭和一六年一二月一二日、閣議決定により、対米英戦争及び支那事変の呼称を「大東亜戦争」とした。参照昭17法9。

第五節　軍事教育機関

軍事教育は軍事行政の一部であり、明治初年以来、軍政機関の管轄に属していた。しかし、陸軍では、明治三三年四月、教育総監を直隷機関とし、軍事教育を軍事行政から独立させた。

第一項　教育総監

教育総監の前身は、明治二〇年五月の監軍部条例(勅18、廃止明31勅7)による監軍[1]である。監軍部は軍隊練成を統一する機関で、陸軍省から独立していた。監軍は陸軍大学校を除く諸学校を管轄し、勅命により軍隊の検閲を行った[2]。監軍は陸軍大中将より任じ天皇に直隷し、明治二三年一二月、親補職となった(勅280)。

明治三一年一月、教育総監部条例(勅7、全改明41軍陸20、改題昭8軍陸12教育総監部令、廃止昭20陸達68)により、陸軍大臣の管轄下に教育総監部を設け、教育総監を置いた[3]。教育総監は中少将から補職し、教育制度の整備を担当した。但し、師団の教育は、都督が陸軍大臣の区処を承けて行なった。

明治三三年四月、教育総監部が陸軍省から独立した（勅157）。教育総監は陸軍大中将から親補し、天皇に直隷して、陸軍大学校を除く陸軍の教育全般を管掌することになった。昭和一三年一二月、陸軍航空総監部の設置に伴い、管掌事項中、航空教育を陸軍航空総監に譲った（軍陸15）。

第二項　陸軍航空総監

昭和一三年一二月、陸軍航空総監部令（軍陸21、廃止昭20陸達68）を定め、陸軍の航空教育機関として、陸軍航空総監を置いた。(4) 陸軍の教育機関は一般教育機関と航空教育機関に分離した。陸軍航空総監は陸軍大中将より親補し、天皇に直隷し、航空兵科軍隊の教育を管掌し、航空関係の学校を管轄する。軍政及び人事に関しては陸軍大臣の区処を、作戦計画及び動員計画に関しては参謀総長の区処を、一般教育に関しては教育総監の区処を承ける。昭和二〇年四月、航空総軍司令部の新設に伴い、陸軍航空総監部令は「當分ノ内」適用されないことになった（軍陸10）。

註（1）監軍の名称は明治一一年一二月の監軍本部条例（太達52、明18監軍部条例、廃止明19閣27）に由来するが、この時の監軍部長（三名、中将）は教育機関ではなく、検閲及び軍隊統率機関であった。監軍部長は天皇に直

隷して軍令出納・陸軍検閲を総轄し、戦時の師団司令長官（師団長）として二個旅団等を統率する。検閲については、参謀本部長及び陸軍卿と協議する。また一八年五月の監軍部条例によると、監軍は東部、中部、西部の各監軍部に計三名が大中将から任じ、天皇に直隷して軍令・出兵管理・検閲を管掌した。有事の際には軍団長として二個師団等を統率する。監軍は軍令事項を発案・執行し、親裁を請い、また親裁済の軍令の伝達については陸軍卿を経由する。

（2）但し、監軍は、政治的には、薩長出身の陸軍首脳が軍に在職するための地位であり、その補職は、陸軍首脳が帰朝した場合や文官在任中に多く行われた。

（3）監軍部に代えて教育総監部を設ける理由は、①監軍と都督は職務が混淆し不便であるが、都督部は高等指揮官が練習するための機構であり廃止できない、②しかし、従来、監軍部に属した教育事項を陸軍省に直接移すと、陸軍省の事務が繁多となる、であった（貳大）。

（4）陸軍航空総監は慣行上、陸軍省の航空本部長を兼ねた。

第六節　軍事司法機関

第一項　概　説

わが国の軍事司法機関には軍法会議があった。軍法会議は、軍秩序の維持を目的として、軍に設置される刑事の特別裁判所である。特別裁判所の存在は、憲法第六〇条で認められ、その構成及び司法手続は憲法第五七条により法律で規定される。この法律が軍法会議法（軍治罪法）であり、裁判所組織法規と刑事訴訟法規を兼ねた内容となっている。

軍法会議の裁判権の対象は、軍人軍属等の身分、制服という事物、合囲地境等の場所によって限定されている。軍法会議は国家の司法機関であるが、軍隊の移動に伴い、占領地や作戦地など外国でも裁判権を行使した。(1) また、軍事上の理由により、裁判手続を簡略化し、裁判官に法律専門職でない軍人を充てた。軍法会議は、軍の指揮命令系統及び階級秩序を維持するため、司令官及び指揮官等を軍法会議の長官として裁判の統轄権を与え（長官統轄制）、判士には被告人の階級以上の者を充てた。

第二項　軍治罪法による軍法会議

明治一六年八月、陸軍治罪法（太布24、全改明21法2、廃止大10法85）を定め、陸軍の軍事司法制度を整備した。(2) 但し、陸軍治罪法は完全な刑事訴訟法規ではなく、普通治罪法の規定を一部適用することとした。

軍法会議は、陸軍軍人（軍属を含む）の犯罪を審判する刑事裁判所であり、(3) 刑事付帯の民事事件は、官物損害の賠償事件に限り受理する。(4) 予後備役軍人は一般人として取り扱い、陸軍刑法の罪を犯した一般人は軍法会議で審判する。軍法会議は各軍管や軍団、師団、旅団や合囲地に設け、原則として、訴追により審判手続を開始した（訴追主義）。判士には、将校及び理事（軍属）を充てた。検察は司令官（軍団長、師団長等）の命令により行い、審問及び再議は陸軍卿または司令官の命令により行った。被告人の防禦権、弁護人制、控訴及び上告を認めず、傍聴は軍人に限り宣告に限り認めた(5)。

一七年三月、海軍治罪法（太布8、全改明22法5、廃止大10法91）を定め、海軍の軍事司法制度を整備した。その大綱は陸軍治罪法と同様であるが、海軍の軍法会議は、刑事付帯の民事事件を受理しなかった。常設の軍法会議は東京軍法会議、鎮守府軍法会議であり(6)、臨時には艦隊軍法会議や合囲地軍法会議を設けた。判士には将校だけを充て、主理（軍属）は訴訟実務を担当した。検察は所管長官等の命令により行い、審問は海軍卿や鎮守府長官、司令官（艦隊司令長官等）の命令により行った。

一八年五月、普通治罪法陸軍治罪法海軍治罪法交渉ノ件処分法（太布12、廃止大10法92）を定めた。軍刑法の罪を犯した一般人は普通裁判所で審判する。敵前、軍中、臨戦合囲の地または海軍関係船舶における一般人の犯罪は、軍法会議で審判することができる。軍法会議と普通裁判所の間の管轄違については、普通治罪法の手続により、大審院に上告することができた。

一九年二月、陸軍の軍法会議における判士を、海軍同様、将校からの任命とした。理事は審問など訴訟実務を担当した（太布6）。また、審事（予審担当）を廃止し、その職務を理事に兼務させた。

二一年一〇月、陸軍の軍法会議は、官署または軍人の損害に係わる事件に限り、刑事付帯の私訴を受理することになった。軍法会議は各師管や軍団、師団、旅団や合囲地等に設け、東京には高等軍法会議を置いた。軍法会議の裁判官には将校を充て、判士及び理事の除斥制を認めた。検察、審問、再議の他、再審を陸軍大臣または長官の命令により行った（法2）[7]。また理事の職務（会議列席、意見書説明）を明記し、証人等に対する罰金制、再審制及び復権制を設けた。

二二年二月、海軍の軍法会議は、官署や軍人の損害に係わるものに限り、刑事付帯の私訴を受理することになった。新たに高等軍法会議を臨時東京に設け、将官の犯罪審判及び再審を行った。陸軍同様、判士及び主理の除斥制を認めた。審問、審判、判決、再議の他、再審を長官（海軍大臣及び司令官）の命令で行った。被告人には再審の申訴を認めたが、控訴及び抗告を認めなかった（法5）[8]。

第三項　軍法会議法による軍法会議

大正一〇年四月、新たに、陸軍軍法会議法（法85、廃止昭21ポ勅278）及び海軍軍法会議法（法91、廃止昭21ポ勅278）を定め、軍の刑事訴訟法規を刑事訴訟法に倣い大幅に増補した[9]。

軍法会議法は、軍事司法権のうち審判権の独立を明記し、審判に対する外部の干渉を排除した。また憲法の要請に基づき、弁論及び判決宣告は、公開を原則とした。軍法会議の裁判官には判士（将校）の他、法律専門職の法務官（軍属）を充てた。法務官は終身官とし本法律による身分保障を受けた。即ち、法務官の意に反する免官転官には刑事裁判または懲戒処分を要する旨明記した。但し、長官による裁判統轄制が存続したから、法務官の独立は限定的であった。被告人には防禦権を認め、弁護人制を採用した。また軍人軍属以外の者につき保釈制を設けた。欠席裁判を廃止した。

軍法会議は、常設の軍法会議と特設の軍法会議に分かれる。常設軍法会議には、高等軍法会議（将官等の被告事件、上告、非常上告を管轄）[10]と陸軍の師団軍法会議、海軍の東京軍法会議、鎮守府軍法会議、要港部軍法会議がある。特設軍法会議には、戦時事変に置かれる陸軍の軍軍法会議[11]や海軍の艦隊軍法会議、また臨時軍法会議や合囲地境に置かれる合囲地軍法会議などがあり、裁判公開、裁判官変更、弁護人、上告の各制度を認めなかった[12]。

高等軍法会議及び東京軍法会議の長官は陸軍大臣または海軍大臣であり、その他の軍法会議の長官には当該部隊団隊の司令官または指揮官を充てる。陸軍大臣または海軍大臣は捜査及び公訴を指揮し、長官は所管事件の捜査及び公訴を指揮する。長官は公訴提起や予審請求を命令し、検察官・予審官・裁判官を命免変更し監督する[13]。検察官または被告人は、裁判官の変更を長官に具申でき、また裁判官は自ら変更を長官に具申するが（裁判官回避制）、裁判官忌避制は認めなかった。尚、長官による宣告命令制及び再議命令制を廃止した。

控訴は、事実認定等の再審理を要し、訴訟遅延を招くため、これを認めなかった。上告（原審の事実認定に基づく）は、師団軍法会議と東京軍法会議、鎮守府軍法会議、要港部軍法会議の判決に対して認めた。非常上告の申立は、高等軍法会議の長官の命によって行われ、再審の請求は、確定原判決を為した軍法会議が管轄した。

昭和一七年三月、法務官を法務部将校または法務科士官に改め、その身分を軍属（文官）から軍人とし、身分保障に関する規定を軍法会議法から削除した（法78・79）。これにより、軍法会議の裁判官は法律による身分保障を受けないことになった。

註（1）軍律会議は軍法会議とは異なる。軍律会議（軍事法院、軍事法廷、軍罰処分会議など）は軍律に基づく処罰機関であり、専ら作戦地域及び占領地域に置かれた。軍律（海軍では軍罰規則）は、軍隊の安全確保を目的とする、作戦地域及び占領地域の取締規定であり、軍隊の存在及び行動に有害な行為を対象とし、所在の一般人に適用される。軍律は、国家の立法権や司法権に基づく法令ではなく、軍事指揮官が発する臨機非常の規定であり、その名称形式、内容、適用は指揮官の裁量による。日本軍の定めた初期の統一的軍律としては、明治二八年二月の占領地人民処分令（日清戦争時の大本営が制定）がある。

（2）軍治罪法以前の軍事司法機関は、次のような変遷を見た。

兵部省等　明治元年四月、軍務官に裁判所を置いた（達）。元年九月、軍務官裁判所を廃止した。二年六月、軍務官の糺問方を任じた。二年一二月の達により、兵部省が兵卒の犯罪を管轄し、二年八月、兵部省に糺問司を置いた。三年一二月、新律綱領により、兵部省が出征行軍時の軍人の犯罪を管轄した。四年七月、海陸軍糺問司を置いた。四年一二月、糺問司事務取扱章程を定め、従来、犯罪処置は、本省へ伺の上で行ったが、下士卒夫の軽罪で律に該当条文のあるものは、伺を経ずに処置するとした。また、将校の犯罪、士卒の重罪（放逐相当以上）、律に該当条文がなく他条援引を要する罪については、伺を経るとした。

陸軍　五年二月、兵部省を廃して陸軍省を設け、その中に糺問司を置いた。五年二月、軍人軍属の犯罪は、陸海軍律により、本営本隊で処断するとした（太布43）。五年三月、糺問司に仮会議を設け、兵隊の犯罪は、所轄の大隊長等と糺問正等とが会議して刑名を判決するとした（陸15）。五年四月、陸軍省糺問司を廃止して陸軍裁判所を置き、参座は将校より任じた（参審制）（布118）。五年五月、鎮台本分営罪犯処置条例（陸110、廃止明8達140）を定めた。懲罰は一隊の司令長官が決定し、刑罰は軍法会議で判決する。軍法会議の議長議員には、原則として、犯罪者の階級以上の者を充てる。死刑相当者、東京鎮台の軍人、尉官は陸軍裁判所に付す。奏任以上に対する鞫問は主理が行い、推鞫は主理が行う。鞫問の際、証拠が確実な場合には拷問を認めた。五年五月、陸軍裁判所職員令により、長官、評事、参坐は判決文に署名し、主理は糺問を行うとした。六年四月の改正軍人犯罪律及び六月の改定律例により、軍人軍属の犯罪を、出征行軍以外の場合でも軍律で処罰した。現役以外の軍人は一般人と同様の刑事手続に拠った。六年七月、海陸軍刑律で管轄の対象を軍人軍属の軍事犯に限定した。七年六月、入営後で読法聴聞前の徴募兵員による犯罪は、懲役一年以上に相当する場合は軍律第一六条で処分し、兵員の兵籍を除いて府県に移す。百日以下に相当する軽罪の場合は軍律第一七条で処分するとした（達外、消滅明14太布69陸軍刑法）。七年一一月、陸軍裁判所条例を定めた（布424）。陸軍裁判所は東京に置かれ、陸軍省に属し、陸軍軍人軍属の犯罪を糺問処断した。八年一一月、陸軍職制及事務章程（達1）を定めた。陸軍裁判所の裁判長は少将大佐より任じ、評事及び「参座ノ将校」と共に裁判を担当した。鎮台では事件ある度に軍法会議を設けた。重犯罪に対する判決には、天皇の許可を要した。八年一二月、鎮台営所犯罪処置条例（達140、廃止明16達乙104）を定めた。長官は犯罪者を懲罰に相当するか、刑罰に相当するかを決定する。尉官で降官以上の罪に相当する者と佐官には陸軍裁判所の論決を要した。一二年一〇月、拷問を廃止した（太布42）。一三年五月、陸軍の軍人及び生徒が集会条例に違反した場合、地方裁判所の処分に属する（達乙32。消滅明16太布24）。一三年七月、治罪法（明14太布36により一五年一月施行）を定め、陸海軍に関する法律で処分すべき者を治罪法の適用対象から除いた。また、本法の正犯従犯に関する管轄規定は、陸海軍裁判所の管轄を法律が特に定める場合、これを適用しないとした。一五年一月、司法省において、軍治罪法発布までの司法手続を定めた（達丁2）。在官現役中または召集中の軍人軍属の犯罪（発覚したものを含む）は、軍衙で処分し、付随する違警罪は「数罪倶発」の例で処分する。軍人軍属の犯罪で免官免役後に発覚したものは、軍刑法の罪なら軍衙で処分し、普通刑法の罪なら普通法衙で処分する。海軍刑法の罪を犯した常人は、海軍法衙で処分する。一五年五月、陸軍省に理事審事録事を置いた（達23）。一五年九月、治罪法草案にみる審判方法が軍法会議のそれに近いため（九月五日陸軍省上申。「近い」のは参審制不採用の点か）、陸軍裁判所を廃止し（太達57）、東京鎮台に軍法会議を置いた（達乙63）。一五年一〇月、軍人軍属に限り、鎮台営所軍法会議での訊問弁論及び裁判宣告の傍聴を認めた（達乙66）。一六年六月、鎮台営所犯罪処置条例を定めた（達乙55）。

海軍　五年二月、兵部省を廃して海軍省を設け、その中に糾問掛を置いた。五年二月、軍人軍属の犯罪は、陸海軍律により、本営本隊で処断するとした（太布43）。五年一〇月、海軍省糾問掛を廃止し、海軍裁判所を置いた。六年四月の改正軍人犯罪律及び六月の改定律例により、軍人軍属の犯罪を、出征行軍以外の場合でも軍律で処罰した。現役以外の軍人は一般人と同様の刑事手続に拠った。六年七月、海陸軍刑律で管轄の対象を軍人軍属の軍事犯に限定した。九年四月、裁判会議仮規則（記三套34）により、海軍の司法機関に参座将校による陪審制を採用した。同年九月、海軍裁判所事務章程（丙3）を定め、裁判長が「犯罪科目ヲ擬定スル」場合には海軍卿の許可を要するとした。一〇年一二月、横須賀に海軍裁判出張所を置いた（一四年三月廃止）。一二年一〇月、拷問を廃止した（太布42）。一三年七月、治罪法を定め、陸海軍に関する法律で処分すべき者を治罪法の適用対象から除いた。また、本法の正犯従犯に関する管轄規定は、陸海軍裁判所の管轄を法律が特に定める場合、これを適用しないとした。一四年五月、鎮守府に刑事課を置いた。一四年一二月、裁判事務取扱手続（丙75、消滅明17太布8）を定め、海軍治罪法制定まで、海軍の軍人軍属と海軍刑法の犯罪ある常人は、海軍法衙で審判し、他の罪と共に、普通刑法の違軽罪を犯した軍人軍属は「数罪倶発」の例によるとした（参照明15司法省達達丁2）。一五年二月、東海鎮守府に刑事課を置いた（丙14、廃止明17丙64）。一五年三月、刑事課事務取扱手続を定めた。刑事課（課長は佐官、裁判長を兼務）は鎮守府司令長官の下で、鎮守府及び所轄下士以下の犯罪に関する予審と軽罪の公判を行う（裁判委員、予審委員は尉官）。一六年一月、海軍准士官が海軍刑法の罪を犯した場合には、将校と同様に処断するとした（丙6）。一七年四月、海軍治罪法の制定を承け海軍裁判所を廃止した（太達29）。一九年二月、東京軍法会議を一時閉鎖し、その担当事件を鎮守府軍法会議に移した（太布5）。二一年五月、海軍刑法及び海軍治罪法の解釈に関する従来の指令をすべて取り消した（達28）。

（3）違警罪（軽犯罪）は、原則として、憲兵部で処分を受けた。即決言渡に対しては、軍法会議に裁判を請求できたが、裁判に対する上訴は認められなかった（明19勅44陸軍軍人軍属違警罪処分例、明22法25海軍違警罪処分例）。

（4）民事要償訴訟を受理しなかったのは、事務簡素化のためであった。

（5）弁護人制度を採用せず傍聴を制限したのは、機密保持のためであった。

（6）一七年四月の海軍東京軍法会議条例（丙63、廃止明19太布5）及び鎮守府軍法会議条例（丙63、廃止明22達49・120）によると、判士長（佐官）は海軍卿（鎮守府軍法会議では司令長官）に対して責任を負う。判士（尉官）は公判及び予審を担当し、判士長の命で審問委員となる。主理（奏任官）は訴訟事務を担当した。

（7）この改正では、一八年五月の普通治罪法陸軍治罪法海軍治罪法交渉ノ件処分法（太布12）第二条及び第三条の内容が、それぞれ陸軍治罪法第七一条及び第一三三条として移された。

（8）明治二八年二月の臨時海軍軍法会議法（法5、廃止大10法91）及び同年六月の緊急勅令（勅92、廃止大10法85）により、戦時事変に際して、臨時海軍軍法会議及び臨時陸軍軍法会議を置くことを認めた。これら臨時軍法会議には、軍治罪法中、合囲地の軍法会議に関する規定を準用した。陸軍の占領地における治罪手続については、例えば、明治二八年七月に占領地総督が定めた占領地治罪特例（占発415）がある。この特例は先の緊急勅令（勅92）及び陸軍治罪法第八条に基づいた。明治三二年一月、台湾に、四〇年四月、関東都督府と韓国駐劄軍に陸軍軍法会議を設置し、その構成及び権限を師管軍法会議相当とした（明32法2及び明40法46、廃止大10法85）。四二年一〇月、韓国駐劄軍に特別陸軍軍法会議を置き、韓国法規または日本陸軍刑法により、韓国軍人軍属（外国人）の犯罪を審判した（勅292）。日本軍指揮下にある韓国軍人軍属は、日本陸軍刑法の適用を受けた。特別陸軍軍法会議の構成や手続は韓国駐劄軍軍法会議の例に依り、判士の一人を韓国将校から充用できた。

（9）大正一〇年四月の刑事交渉法（法92、廃止昭21勅564）により、軍法会議と通常裁判所の裁判権が競合し、両裁判所に公訴の提起があった場合、先に提起のあった裁判所で審判を行った。また、所属の長は、軍事上の事由で、現行犯でない現役軍人に対する勾引状または勾留状の執行を拒否することができた。

（10）皇族及び王公族の犯罪で、軍法会議の裁判権に属する刑事訴訟によるものは、原則として、高等軍法会議

（判士は大将）で審判する（大15皇16皇室裁判令及び皇17王公家軌範）。
（11）大正一〇年四月、朝鮮、台湾と関東軍司令官の守備地域に軍軍法会議を置き、師団軍法会議相当とした（法86・87・88、廃止昭16法８）。昭和一六年二月、軍軍法会議を常設とした（法８）。
（12）昭和一一年三月、先の二・二六事件に関する被告事件を管轄するため、東京陸軍軍法会議を設けた（緊勅21、廃止昭13法80）。同軍法会議は、陸軍大臣を長官とし、陸軍軍法会議法の適用については特設軍法会議と見なされた。また共犯の一般人に対しても裁判権を有した。尚、本勅令は事後法（遡及法）である。刑事訴訟手続に関する事後法は認められている（大11法75刑事訴訟法616）。しかし、本勅令により、特設軍法会議と同様、裁判官変更、弁護人、上告の各制度が否定されたから、本勅令は被告人の利益に反する事後法である。
（13）予審（公訴前の手続）は、旧法の審問（公訴後の手続）に相当する。

第七節　軍事顧問機関

第一項　元帥府

元帥府は、明治三一年一月の元帥府条例（勅５、廃止昭20勅669）による、最高の軍事顧問機関である。但し、元帥府が実際に活動するための具体的な規定はなく、構成員である元帥が個別に存在し、職務として臨時の奉勅検閲があるに過ぎなかった。[1] 元帥には副官二名を附属した。[2] 元帥は階級ではなく、陸海軍大将に与えられる称号であった。[3] 陸軍服役条例（改正明36勅184）及び海軍高等武官准士官服役令（明32勅68）において、元帥たる大将の現役定限年齢を規定しない旨明記されたから、この称号を持つ大将は終身現役であった。(4)

第二項　軍事参議院

軍事参議院の前身は、明治二〇年五月の軍事参議官条例（勅20、廃止明36勅294）による軍事参議官である。軍事参議官は、諮詢の有無と関係なく軍事事項を審議したが、審議手続や審議と裁可との関係は不明であった。軍事参議官には陸軍大臣、海軍大臣、参謀本部長、監軍（明治31年1月廃止）を充て、陸軍専管事項については陸軍大臣、参謀本部長、監軍が、海軍専管事項については海軍大臣と参謀本部長が審議した。(5) 明治二六年五月、海軍軍令部の新設に伴い、海軍軍令部長を参議官に加え（勅35）、海軍専管事項については海軍大臣と海軍軍令部長が審議した。明治三三年五月、教育総監（直隷機関）を参議官に加えた（勅212）。

明治三六年一二月、軍事参議院条例（勅294、廃止昭20勅669）を定め、軍事参議院は重要軍務の諮詢機関となった。合議体としての制度が整備され、審議手続も翌年一月の軍事参議院議事規程によって定められた。軍事参議院は、参議会を開いて意見を上奏する。陸海各軍専管事項については、陸海軍の参議官が各別に参議会を開くことができた。議事は多数決とし、否決された少数意見も併せ奏上する。軍事参議院を構成する参議官は、元帥、陸軍大臣、海軍大臣、参謀総長、海軍軍令部長、そして特に親補された陸海軍将官（専任参議官）であり、特定の議事については将官から臨時参議官を補した。議長には参議官中の高級故参の者を充て、議長は、緊急事件につき、院議を経ずに諮詢に応じることができた。

註（1）元帥は、明治四年七月の兵部省官等表では、大元帥に次ぐ階級の一つであった。しかし、六年五月には大元帥と元帥の階級が廃止され、大将が最高の階級となった。
（2）明治四一年七月、元帥に準じる待遇として、休職中の現役陸軍大将（陸軍部外の要職に任ぜられ特に現役に列せられた者）に副官一名を附属できるとの規定を設けた（明41軍陸15、廃止大13軍陸10）。この規定は、当時新任の内閣総理大臣桂太郎に対し、「稀有ノ特例」として適用された。
（3）元帥の称号を授与する際の辞令文言については、国語文法上の疑義が存した（国立公文書館所蔵内閣官房総務課資料「元帥辞令式ニ關スル記録」）。明治三一年一月制定の元帥辞令式には「元帥府ニ列セラレ特ニ元帥ノ稱號ヲ賜フ」とあるが、この辞令は「御名御璽」を備えるから、主語は天皇であり、正しくは「元帥府ニ列シ特ニ元帥ノ稱號ヲ授ク」などとなるべきであった。昭和七年五月、称号授与に際して勅語（辞令文言の朗読）を与えることになり、宮内省から初めて疑義を生じた。同年七月、内閣側は、「列シ」「賜フ」という改正案をつくったが、この案に関し陸軍側の反対や種々の疑義を生じたため、改正は中止となった。
（4）いかなる高齢者も現役とすることは、軍事勤務に実際に服するという現役の性質に反する。また、軍事組織の運営に種々の弊害（人事停滞や老人支配）を齎した。
（5）これ以前、審議機関として国防会議が設置されたことがある（明18達乙42国防会議条例、廃止明19閣外・陸達4）。国防会議は「帷幄」の中に置かれ、国防事項を審議した。議長は皇族より、副議長及び議員は陸海軍将官より選んだ。議案は勅命で下付し、議定案は議長より上奏する。陸軍卿及び海軍卿は、主任事項に関して会議に出席した。一九年三月に陸海軍統合の参謀本部が置かれたため、一二月に廃止となった。

第八節　軍事計画機関

参謀総長及び海軍軍令部長は、天皇の軍事権限の行使を補佐――「帷幕ノ機務」「帷幄ノ機務」「帷幄ノ軍務」に参画――し、参謀本部及び海軍軍令部の長として国防及び用兵の計画を担当した。参謀総長及び海軍軍令部長は軍隊行動命令権を持たず(1)、天皇の委任により一定の指示権を有した。

第一項　参謀総長

参謀本部の前身は、明治四年七月の兵部省職員令による陸軍参謀局（省内別局）である。陸軍参謀局は機務密謀に参画し、兵部大輔が局長を兼任した。六年四月には調査担当の第六局（局長は少将）となり、軍令事項は第一局（局長は中少将）が管掌した（太113陸軍省職制）。参謀科将校は、一一月の幕僚参謀服務綱領（布242）により、第六局に属した。七年二月、陸軍省外局として参謀局を置いた。局長は将官から任じ、定制節度及び兵謀兵略を調査し、機務密謀に参画した（布106）。

明治一一年一二月、参謀本部条例（達外、廃止明19勅無）により、天皇直属の参謀本部を設けた[2]。参謀本部は陸軍省及び太政官から独立し、鎮台等の参謀部を統轄する。参謀本部長は将官から任じ「帷幕ノ機務ニ参畫」し、陸軍の制度、団隊配置を調査する。また平時の軍令事項を陸軍卿に移し、戦時の軍令事項を監軍部長や特命司令将官に伝達する。陸軍卿は、軍令事項に関しては、平時の奉行（伝達）機関となった。

明治一九年三月、参謀本部条例（勅無・官報未載、廃止明21勅24）を改定し、陸海軍の軍事計画機関を統合した。参謀本部は陸海軍の軍事計画を担当し、陸軍の監軍部及び鎮台、海軍の鎮守府及び艦隊参謀部を統轄する。参謀本部長は皇族より任じ、「帷幄ノ機務ニ参畫」し、平時の軍令事項を陸軍大臣及び海軍大臣に移し、戦時の軍令事項を陸軍の軍団長、海軍の艦隊司令長官及び鎮守府長官に伝達した。

明治二一年五月、参軍官制（勅24、廃止明22勅25）を定め、参軍を置いた。参軍も陸海軍共通の軍事計画機関であり、「全軍ノ参謀長」として天皇に直隷し、「帷幄ノ機務ニ参畫」して陸海軍の参謀将校を統轄した。任用資格は皇族大中将である。参軍の下に陸軍参謀本部及び海軍参謀本部を置いた。

明治二二年三月の参謀本部条例（勅25、全改明41軍陸19、廃止昭20陸達68）及び海軍参謀部条例により、陸海軍の軍事計画機関が分立した。参謀総長は陸軍大中将より補職し、天皇に直隷して「帷幄ノ軍務ニ参畫」する。参謀総長は「全軍ノ参謀長」という地位を維持したが、事実上陸軍の軍令事項を管掌した(3)。参謀総長は、平時の軍令事項を陸軍大臣に移し、戦時の軍令事項を師団長や特命司令官に伝宣する。二三年一二月、親補職となり(勅279)、二六年一〇月、陸軍の参謀長に復帰した(勅107)。参謀本部は「國防及用兵」を管掌した。参謀総長は国防計画及び用兵関係条規を立案し、軍令事項を陸軍大臣に移す。戦時の軍令取扱手続は戦時大本営条例及び同編制に譲った。二九年五月、立案事項に用兵関係の命令を加え(勅201)、三二年一月、立案事項から用兵関係条規を除いた(勅6)。四一年一二月、陸軍大臣との事務分担規定を削除し(軍陸19)、同時制定の陸軍省参謀本部関係業務担任規定に移した。昭和一一年六月、参謀本部は、戦争指導及び国防国策を管掌事項とした(軍陸11)。

第二項　海軍軍令部長

海軍軍令部の起源(4)は明治一七年二月設置の軍事部(海軍省外局)である(丙21。明17丙22軍事部条例、全改明17普3465)。軍事部は兵制節度、艦隊編制、軍令兵略の事項を管掌し、軍事部長は将官より任じた。同年一二月、軍事部の管掌事項を軍事計画と総称した(普3465)。一九年三月、陸海軍共通の参謀本部を設け、その中に海軍部(部長は参謀大佐)を置き(勅無・官報未載、廃止明21勅24)、海軍省の軍事部を廃止した(要168)。これにより、海軍の軍事計画機関が軍政機関から分離した。但し、平時の軍令は海軍大臣が奉行した。二一年五月、海軍参謀本部条例（勅26、廃止明22勅25）により、参軍の下に海軍参謀本部を設けた。海軍参謀本部は海軍軍事計画を管掌し、同本部長は参軍に対して責任を負担した。明治二二年三月、海軍参謀部条例（勅30）により、海軍大臣の下に海軍参謀部を置き、海軍参謀部長を将官より補職した。海軍大臣が軍事計画を管掌した。(5)

海軍の軍事計画機関が軍政機関から最終的に独立したのは、明治二六年五月の海軍軍令部条例（勅37、全改大3軍海7、全改昭8軍海5）によってである。海軍軍令部は海軍軍事計画を管掌し、参謀将校を監督し、教育及び訓練を監視した。海軍軍令部長は大中将より親補し、天皇に直隷し「帷幄ノ機務ニ参畫」する。海軍軍令部は同時に参謀本部からも独立した。海軍軍令部長は平時の軍令事項を海軍大臣に移し、戦時の軍令事項を鎮守府司令長官、艦隊司令長官に伝宣する。明治二九年三月、海軍軍令部の管掌事項を、参謀本部に倣い、国防及び用兵の計画とした。海軍軍令部長は親裁済の軍令事項を海軍大臣に移した（勅59）。明治三〇年一一月、国防及び用兵を管掌事項とし、同事項を海軍大臣に移した。また教育監視権を廃した（勅423）。三三年五月、部長の補職資格を削除して（勅197）海軍定員令（内48）に譲った。大正三年八月、戦時で大本営を置かない期間は、海軍軍令部長が作戦事項を伝達するとした（軍海7）。昭和八年九月、軍令部令（軍海5、廃止昭20軍海8・10）を定め、海軍軍令部を軍令部に改称し、軍令部

部総長に移した。

総長の権限を拡大した。即ち、用兵事項の伝達業務と兵力量事項の起案権を海軍大臣から軍令部総長に移した。

第三項　侍従武官

侍従武官は、参謀本部及び海軍軍令部から宮中への派遣職員であった。侍従武官が参謀とされたためである。

侍従武官の起源は、明治八年一一月の陸軍職制及事務章程（太達無）による侍中武官である。侍中武官は、軍事事項を伝達し、戦時には将官付属の参謀官や伝令使をつとめた。侍中武官には侍中将官、奉詔官、宣令使の別があり、制度上は陸海軍将校を充てた。但し、海軍は侍中武官の制度に参加せず(6)、侍補を海軍省御用掛に任じ、または海軍武官を侍従に充てる場合があった。一二年一〇月、陸軍省職制（太達39）により、侍中将官を侍中長に改称した。侍中武官の制度は、一九年二月の陸軍省官制の制定で消滅した。

明治二七年六月、戦時大本営編制により、大本営に侍従武官を置き、側近武官の制度を復活した。侍従武官は将官佐官大尉より補職し、天皇に常時奉仕し、報告等を奏上し、戦地では命令の伝達に任じた。

明治二九年四月、大本営解散に際し、侍従武官官制（勅113、廃止明41勅319）を定め、侍従武官を平時常置とした。侍従武官には陸海軍の将官及び佐尉官を補職し、侍従武官長には侍従武官中高級故参の者を補職する。侍従武官は天皇に常侍奉仕し、軍事に関する奏上奉答と命令の伝達に任じた。侍従武官は参謀官の資格を有した。参謀総長または海軍軍令部長による上奏は侍従武官長を経由する（同年五月の侍従武官勤務規定）(7)。侍従武官は観兵演習や儀式等に陪侍扈従し、演習等に差遣され、宮中では宮内省の規定を遵奉した。四一年一月、侍従武官の宮中詰所を侍従武官府と称した(8)。

明治四一年一二月、侍従武官府官制（勅319、廃止昭20勅669）により、「侍従武官府」を制度上の名称とした。侍従武官府は侍従武官長及び侍従武官を構成員とし、その職務は従来と同様である。侍従武官長には陸海軍大中将を親補した。

第四項　都　督

都督は、明治二九年七月の陸軍平時編制（送乙2855）及び八月の都督部条例（勅282、廃止明37勅4）に基づく軍事計画及び軍事教育の機関である。都督は陸軍大中将から三名が親補され、それぞれ東部、中部、西部の各都督部の長となる。都督は天皇に直隷し、所管師管内の防禦計画及び所管内師団の共同作戦計画を担当する。また所管内師団の動員計画の整否を監視し、教育の統一を管掌する。明治二八年一〇月の「陸軍々備擴張案ノ理由書」によると、都督部設置の目的は、師団数の増加に対応すべく、戦時の軍司令部となる部分を平時に準備することにあり、都督は戦時の軍司令官要員であった(9)。

明治三一年一月、都督は、軍隊教育及び都督部内の軍政及び人事に関しては陸軍大臣の区処を、防禦作戦及び動員計画に関しては参謀総長の区処を承けることとした（勅8）。三三年四月、三都督部を東京にまとめ、また教育総監の直隷化に伴い都督の主管事項を縮小して防禦計画及び検閲とした（勅156）。これにより、師団長と参謀総長の中間に計画機関を置く意義が低下し、三七年一月、都督部を廃止した（都督は軍事参議官に転補された）。

第五項　軍事行政機関と軍事計画機関の相互関係

陸軍大臣と参謀総長、海軍大臣と海軍軍令部長の平時における相互関係は、陸軍の関係業務担任規定や海軍の事務（業務）互渉規程で定められた。これらの規定は、機関相互の協議による事務の円滑化を目的としたが、実際には円滑化どころか事務の混雑と遅延をもたらした。即ち、（1）規定の内容自体が複雑であり、事項毎に起案、上奏、施行の機関が相違した。（2）事務権限を有する機関と事務責任を負う機関が必ずしも一致しなかったから、組織の合理性が損なわれた。特に、陸海軍大臣は他の機関が起案上奏した事項を発令し施行する場合が生じた。

一　陸　軍

明治一一年一二月、参謀本部の設置に伴い、「本省ト本部ト権限ノ大略」により、陸軍省と参謀本部の事務関係を定めた。一般的な指揮命令権は陸軍卿に属し、参謀本部長には参画権及び起案権を与えた。陸軍卿は人事・検閲、経費・施設、徴兵等を管掌し、軍令を発する。参謀本部長は将校職務の命免及び軍令に参画し、軍令を起案する。明治一五年一〇月の「陸軍々隊ニ係ル平常ノ事務令達竝諸往復例」によると、陸軍卿は行政事務を管掌し、太政官及び宮内省から陸軍への令達と伝達の全般を取り扱う。陸軍卿は参謀本部長の参画した事項を施行する。参謀本部長は軍隊の行動・演習事項につき、本省と合議の上、参画し、同事項を陸軍卿に伝達する。

明治一九年三月、陸軍省官制及び海軍省官制の制定と参謀本部条例の改正を承け、「省部権限ノ大略」を定めた。この規定は、陸軍卿が陸軍大臣及び海軍大臣に代わったのみで、明治一一年の規定と同内容である。但し、同時制定の上裁文書署名式で、参謀本部長の参画方式を具体化した。即ち、将校職務の命免、制度編制の改正に関しては、陸軍大臣または海軍大臣が参謀本部長と連署し、軍令事項に関しては陸軍大臣または海軍大臣と本部長が合議の上、本部長が単独で署名する。(10)

明治四一年一二月、参謀本部条例の改正に伴い、陸軍省参謀本部関係業務担任規定を定め、陸軍大臣と参謀総長の協議制を整備した。陸軍大臣が起案し上奏する事項は、参謀本部に関係ある平時制度、国内団隊の配置、経理衛生に関する戦時諸規則、作戦編制等に関係ある兵器・装備類であり、参謀総長の起案上奏事項は、作戦計画、兵站計画、派外団隊の配置行動、戦時諸規則、「國防用兵」に関する命令（執行は陸軍大臣）である。また陸軍大臣が起案し両者が上奏する事項は編制、動員計画であり、参謀総長が起案し陸軍大臣が上奏する事項は重要な参謀将校の補職である。両者が共同で関与する事項には動員がある。

大正二年七月、陸軍大臣現役制の廃止に伴い、陸軍省参謀本部教育総監部関係業務担任規定を定めた。陸軍大臣の起案事項のうち戦時編制と動員を参謀総長に移し、平時編制の中の軍隊編制及び参謀本部編制が参謀総長の起案事項となった。

陸軍大臣の主な起案上奏事項は、内地団隊の配置、経理衛生補充に関する戦時諸規則、兵器等の新定、国防用兵及び教育に関する平時制度、将校同相当官の人事、特命検閲である。参謀総長と共に上奏する事項には、前掲以外の平時編制がある。

参謀総長の主な起案上奏事項は、作戦計画、要塞防禦計画、動員計画令及び動員令、復員令、編成命令、戦時編制、戦時諸規則、地方の安寧秩序維持のための兵力使用、在外軍隊の配置行動、野外要務令、教令、演習である。陸軍大臣と共に上奏する事項には、軍隊及び総長所管諸部の平時編制がある。

教育総監の起案上奏事項は各兵操典、諸教範、軍隊教育令であり、陸軍大臣と共に上奏する事項には、総監所管諸部の平時編制がある。

二　海　軍

海軍省と参謀本部との関係は、明治一九年三月の省部権限ノ大略（前述）で定められた。海軍大臣は軍政事項を管掌し、軍令事項を発令する。参謀本部長は将校職務の命免及び軍令に参画し、軍令を起案する。

明治二六年五月、海軍軍令部の設置に伴い、省部事務互渉規程（官1367）を定めた。この規程は権限ノ大略を海軍大臣優位の形で修正したものである。即ち、海軍大臣は機関団隊等の設立、教育の他、参謀人事も主務とした。軍令部部長は軍機戦略上の軍艦軍隊の派遣と演習の施行を主務とし、兵力量は両者の協議事項となった。二九年一月及び三八年一二月の規程改正でも大きな変動は無かった。

昭和五年七月、いわゆるロンドン海軍軍縮条約問題の影響により、兵力ニ関スル事項処理ノ件（内157）を定め、互渉規程における兵力量事項の処理方式に一定の解釈を加えた（官機623）。即ち、兵力事項の処理に際しては、海軍大臣と軍令部長の間に意見の一致を要するものとした。

昭和八年一〇月、軍令部令の制定に伴い、海軍省軍令部業務互渉規程（内294）を定め、軍令部総長の権限を強化した。即ち、従来、単なる協議事項であった兵力量に関し、その起案権及び上奏権を軍令部総長に認め、また平戦両時の編制に関し軍令部総長の起案権及び上奏権を明示した。尚、九年一一月、軍令承行令を軍令部総長の起案上奏事項とした（内483）。

註（1）但し、日清～日露戦争の時期には、参謀総長が各級司令官に対して、奉行伝達でなく指揮命令の文書を用いた例がある。

（2）参謀本部設置までの主な関係事件は以下の如くである。明治一〇年五月、元参議木戸孝允歿。同年九月、西南戦争終了（前陸軍大将西郷隆盛歿）。明治一一年五月、参議大久保利通歿。同月、陸軍少佐桂太郎に帰朝を命じる（七月帰朝）。

（3）本条例（明22勅25）は海軍大臣副署を欠いた。

（4）明治一三年、海軍では、陸軍との権衡や海軍省（海軍卿榎本武揚）に対する薩派士官の反感を原因に、海軍参謀本部設置論が生じた（明紀）。しかし、同年一二月の「山縣参議西郷参議意見書」は、「軍議」の統一を理由にこれに反対した。

（5）海軍は、参謀本部という名称を志向していた。明治二五年一一月、仁禮海相は海軍参謀部条例を廃止し、海軍参謀本部条例を定めることを企図したが、陸軍と名称混同の嫌いがあるとして実現しなかった（明紀）。三六年九月、山本海相は、軍令部という名称では軍令の委任を受けているかのような誤解を招くとの理由で、海軍軍令部を廃止し海軍参謀本部を置く件を直接上奏したが、元帥府は本件を却下した（明紀）。

（6）こうした経緯からか、後の侍従武官長は陸軍将官が占める例となり、海軍側は昭和期に侍従長（宮内官）を出した。摂政設置の時期には侍従武官長が東宮武官長を兼ねることがあった（大13勅189、廃止昭1勅3）。

（7）同規定（明紀）によると、侍従武官の管掌事項には威海衛・台湾・朝鮮よりの電報も含まれた。各大臣及び監軍の上奏は侍従長の管掌事項であり、監軍の上奏に関しては、侍従武官長に移牒する場合があるとされた。

（8）これより先、四〇年一〇月に侍従武官府ニ関スル内規を定めた。侍従武官長及び侍従武官は、侍従武官官制に定めるものの外、「軍事ニ關スル情報其ノ他参謀総長海軍軍令部長ノ奏上及奉答ニ關スル事項」を掌るとされ、侍従武官府は侍従職の「次」に置かれた（宮内庁書陵部所蔵「内規録」）。

（9）都督部設置に対しては、陸軍省参事官柳生一義による反対意見が存在した。反対の理由は、①都督部は、事務上、中央首部と師団との間に位置するから、事務の渋滞抵牾を招く、②都督部のような特務機関を地方に分置すると、地方分権の弊害を招く、③都督部は四箇師団を管轄するが、有事に際し都督が軍司令官となれば二箇師団を統率することになるから、残り二箇師団に対する監督命令の系統が空白の状態になる、であった。この意見は陸軍次官により却下された（貳大）。

（10）明治一九年七月、陸相は監軍部条例の廃止を参謀本部長の同意なく閣議に提案した。本部長は、七月一四日付陸相宛照会において、上裁文書署名式第四項を根拠に、本件には軍令の手続（本部長の署名上奏）を要すると主張した。しかし、二〇日付陸相回答（送乙3456）は、同条例の廃止は第四項に含まれないと述べた（貳大）。

第九節　軍隊統率機関

軍隊統率機関は、天皇親率の擬制を維持するため、その複数が天皇直隷とされた。一方、軍隊統率機関が委任を受けている統率権（軍令権）や軍政権については、直隷の統括機関が存在した。参謀総長及び海軍軍令部長、陸軍大臣及び海軍大臣などである。このため、軍隊統率機関は、たとえ直隷機関であっても、他の直隷機関から特定の事項に関し指示を受けた。こうした傍系機関からの指示が区処（海軍では指示ともいう）である。区処権を設定すれば、一つの機関はその上部に複数の統括機関を持つことになるから、事務が複雑化し指揮命令の統一性が阻害される可能性がある。

甲　陸軍

第一項　師団長

一　師団長

師団は陸軍の平時常備団隊の最大単位であり、通常、二個旅団（四個歩兵聯隊）で編成された(1)。師団長は統率権の他、軍政、教育、動員計画、軍事司法などに関する権限を有し、関係機関の区処を承けた。師団司令部は、動員により（野戦）師団司令部となり、別に留守師団司令部が置かれた。戦時高等司令部勤務令（明27送乙248等）によると、野戦師団長は、軍司令官に隷属し、師団を統率し、師団の整備及び補給事務を統督した。留守師団長は、平時の師団長と同様の職権及び責任を有し、野戦師団の人馬補充や物件補給を管掌した。

師団長の起源は、鎮台の帥である。明治四年四月、兵部省の管轄下に鎮台を設けた。五年三月の東京鎮台条例及び大阪鎮西東北鎮台条例によると、帥（少将以上）は、陸軍卿に隷し、管下の兵隊を総管した。六年七月、鎮台の長を「司令将官」とした。一二年九月、鎮台に対する軍令権を、陸軍卿から監軍（中将相当。一四年五月、監軍部長と改称）に移した。鎮台司令官は少将より任じ、平時には勅命によって軍隊を指揮し、有事には旅団長となり、師団長（監軍中将）に隷した（参照明14達乙30戦時編制概則）。

明治一八年五月、鎮台条例を改正し（達21）、鎮台司令官を戦時の師団長とした。鎮台司令官は中少将より任じ、軍令及び軍政を管掌する。軍令に関しては監軍（戦時の軍団長）の指揮を、軍政に関しては陸軍卿の区処を受けた。尚、戦時には、後方事務のため、師団長とは別に、鎮台司令官を置いた。

二一年五月、鎮台制度に代えて師団制度を設け、師団司令部条例（勅27、全改大7軍陸3、全改昭15軍陸13）を定めた。師団長は中将より補職し、天皇に直隷⑵して師管内軍隊を統率し、軍事事項を総理し、また部下軍隊の練成につき責任を負う。師団長は、軍政及び人事に関しては陸軍大臣の区処を、国防及び出師計画に関しては参軍の区処を、教育に関しては監軍の区処を承ける。二九年五月、近衛師団司令部及び屯田兵司令部に関する規定を師団司令部条例にまとめた（勅205）。師団長は動員計画・作戦計画・教育に関しては都督の区処を承けた。

三四年一〇月、都督の区処事項を防禦計画に限定し、動員計画及び作戦計画に関しては参謀総長の区処を、教育に関しては教育総監の区処を承けることとした（勅195）。三五年六月、師団長を親補職とし（勅171）、三七年四月、都督の区処権を廃止した（勅129）。三九年五月から四二年一月までの間、大将よりの補職を認めた（勅116、廃止明42軍陸1）[3]。

昭和一五年七月、師団司令部令（軍陸13、改題昭20軍陸3）を定め、師団長の直隷資格を廃し、師団長を軍司令官隷下とした。また参謀総長の区処事項を動員計画に限定した。二〇年二月、内地・朝鮮の留守師団司令部及び留守師団長を、師管区司令部及び師管区司令官に改称した（軍陸甲25。軍陸3師管区司令部令、廃止昭21一復達4）。師管区司令官は中将より補職し、近衛師団長は中将より親補し、共に軍管区司令官に隷した。同年三月、師管区司令官を親補職とした（軍陸7）。

二　近衛師団長

近衛師団長の前身は、明治五年三月の近衛条例（陸軍省へ達、全改明7布24、全改明13達乙62、廃止明23勅46）による近衛都督である。近衛は天皇皇族を護衛する軍隊であり、その指揮官である近衛都督は中少将より任じ、天皇に直属した。但し、定例外の事務については陸軍卿の決裁を要し、将校人事に関して陸軍省の区処を承けた。七年一月、近衛都督の任用資格を将官とした（布24）。一二年一〇月、近衛都督は陸軍卿に直隷するとした（太達39）。一三年一〇月、都督は、平時の軍令事項を陸軍卿に移し、裁可済の軍令事項（参謀本部長が参画）の伝達を陸軍卿から受け、人事経理に関しては陸軍卿の区処を承けることとした（達乙62）。一三年一二月、近衛都督を陸軍卿の直隷機関から除いた（太達60）。一八年六月、都督の任用資格を大中将とした

（達乙73）。

二三年三月、新たに近衛司令部条例（勅46、改題明24勅241）を定め、都督の職務権限を師団長相当とした。二四年一二月、近衛師団司令部条例（勅241、廃止明29勅205）により、近衛及び近衛都督を近衛師団及び近衛師団長と改称した。二九年五月、近衛師団を一般の師団制度に統合し、関係規定を師団司令部条例にまとめた。

三　屯田兵司令官

屯田兵は北海道の警備と開拓を目的とする兵制であり、(4)屯田兵司令官の地位権限は師団長に準じた。明治二六年頃の戦時高等司令部勤務令によると、屯田兵司令官は師団長と同じ職権及び責任を有した。

屯田兵司令官の前身は、明治一八年五月の屯田兵条例（太達18、全改明22勅102、廃止明37勅202）による屯田兵本部長である。(5)本部長は少将または屯田兵大佐から任じ、陸軍卿に隷して屯田兵を統括する。本部長は有事に際し屯田兵を指揮する。

明治二二年七月、屯田兵司令部を設けて屯田兵司令官を置いた。司令官は陸軍少将より補職し、陸軍大臣に隷して屯田兵を統率し、また軍事事項及び農業事項を総理する。司令官は北海道庁長官の請求により、治安維持及び変災事故対応のため出兵する。司令官は部下兵員家族を取り締まることができる（勅102）。

明治二三年八月、屯田兵条例より屯田兵司令部に関する規定を削除し（勅181）、屯田兵司令部条例（勅182、廃止明29勅205）を定めた。屯田兵司令官は陸軍少将より親補し、天皇に直隷して屯田兵を統率し、軍事事項を総理する。司令官は屯田兵の出師準備を整理し、部下軍隊の練成につき責任を負う。司令官は屯田兵の徴募補充及び農業事項を管掌する。司令官は侵略に対して、北海道を防禦し、陸軍施設を保護する。司令官は北海道庁長官の請求により、治安維持のため、兵力を行使し、緊急の場合には請求なしでも行使できた。司令官は道内陸軍の風紀軍紀を統監し、軍法会議を管轄する。司令官は、軍政及び人事に関しては陸軍大臣の区処を、国防及び出師計画に関しては参謀総長の区処を受ける。

二九年五月、屯田兵司令部を第七師団司令部に改編し、屯田兵司令官に代えて第七師団長を置いた。但し、第七師団長は、師団長としての一般職務の他、屯田兵の徴募補充及び農業事項を管掌した(6)。

四　飛行師団長

飛行師団長の前身は昭和一三年六月の飛行集団司令部令（軍陸10、廃止昭17軍陸5）による飛行集団長である。飛行集団長は陸軍中将より親補し、天皇に直隷して部下航空部隊を統率する。飛行集団長は、軍政・人事及び航空兵科専門教育に関しては陸軍大臣の区処を、作戦計画及び動員計画に関しては参謀総長の区処を、一般教育に関しては教育総監の区処を承ける。一二月、陸軍航空総監部の新設に伴い、教育に関する区処権を陸軍航空総監に移した（軍陸23）。一七年四月、飛行師団司令部令（軍陸5、廃止昭20陸達68）を定め、飛行集団長に代えて飛行師団長を置いた。飛行師団長は陸軍中将より親補し、天皇に直隷して部下飛行軍隊を統率する。飛行師団長は、軍政及び人事に関しては陸軍大臣の区処を、動員計画及び作戦計画に関しては参謀総長の区処を、教育に関しては陸軍航空総監の区処を承ける。五月、直隷資格を廃して航空軍司令官に隷することとし、作戦計画に関する参謀総長の区処権を削除した（軍陸9）。

第二項　軍司令官

軍は、戦時において、複数の師団で編成される臨時の団隊であるが、いわゆる外地には、統治のため平時にも配備された。平時常置の軍には台湾軍、朝鮮軍、関東軍があり、軍司令官を長とする軍司令部を置いた。軍司令官は統率権の他、軍政、教育、動員計画、軍事司法などに関する権限を有し、関係機関の区処を承けた。戦時には、作戦地域や占領地の行政を統監する場合があった。

戦時の軍司令部は、原則として、個別の編成要領[7]に基づいて編成された。軍司令部は、動員完結から復員完結まで戦時高等司令部勤務令の適用を受け、同勤務令の例外は個別の勤務令[8]で規定した。軍司令官は軍を統御し、経理・衛生事務を統督し、軍政に関しては大本営を通じ陸軍大臣の区処を受けた。

一　台湾軍司令官

台湾軍司令官の前身は、明治二八年五月、日清講和条約の発効を承けて置かれた台湾総督である。台湾総督は、首相の訓令により、台湾島受け取りについて兵力による「強制執行」権を認められた（公文別録）。同月、大本営により、台湾総督の令下に、台湾及び澎湖島に駐紮すべき陸軍並びに常備艦隊を所属させた（命令海1）。同月、台湾総督府仮条例を定め、台湾総督府を置いた。八月、台湾総督府条例（陸達70ラル・官房2879ノ4。消滅明29勅88）を定め、台湾全島鎮定に至るまで、台湾総督の下に軍事官衙を組織した(9)。

明治二九年三月、台湾総督府条例（勅88、廃止明30勅362）を定めた。台湾総督は台湾の行政機関（外地行政機関）であると同時に陸海軍の統率機関であり、台湾総督府は戦時高等司令部勤務令の適用に関し軍司令部に準じた。総督は陸海軍大中将を親任し、委任の範囲で陸海軍を統率し、管轄区域内の防備を管掌した。総督は安寧秩序の保持のため、兵力を使用することができた。同年五月、台湾総督に対し委任状を発し（首・海・陸・拓相奉勅。廃止大正八年八月）、台湾総督府条例第三条による委任事項を定めた。即ち、列記事項その他管轄区域内におけるすべての軍務を統理すること（但し、陸海軍軍政及び人事については各主務大臣の区処を、国防及び教育の重大事項については各主任官の区処を承ける）であり、列記事項とは、①必要に応じ、麾下艦船を沖縄群島、先島群島及び舟山群島から澳門までの支那沿岸に派遣すること、麾下艦船を修理のため内地に派遣すること、②必要に応じ、部下の軍人軍属を清国南部、香港、柴棍、比律賓群島に派遣すること、である。

明治三〇年一〇月、台湾総督府官制（勅362）を定め、区処権規定を設けた。総督は、軍政及び軍人軍属の人事に関しては陸軍大臣若しくは海軍大臣の区処を、防禦作戦及び動員計画に関しては参謀総長若しくは海軍軍令部長の区処を、陸軍軍隊教育に関しては監軍の区処を承けることになった[10]。

大正八年八月、台湾軍司令部条例（軍陸21、廃止昭15軍陸12）によって台湾軍司令官を置いた。台湾総督府官制を改正し（勅393）、総督の性格を外地行政機関に限定したためである。但し、総督が陸軍武官であるときは台湾軍司令官を兼ねることができた[11]。軍司令官は陸軍大中将より親補し、天皇に直隷して台湾所在の陸軍諸部隊を統率し、台湾の防衛に任じる。軍司令官は、軍政及び人事に関しては陸軍大臣の区処を、作戦及び動員計画に関しては参謀総長の区処を、教育に関しては教育総監の区処を承けた。

二　朝鮮軍司令官

朝鮮軍司令官の前身は、明治三七年三月の韓国駐箚軍司令部及隷属部隊編制要領（送内201）による韓国駐箚軍司令官である。軍隊駐箚の法的根拠は同年二月の日韓議定書と推定される。

三月一五日の軍司令官に対する訓令及び同月の韓国駐劄軍勤務令（送乙1040）によると、軍司令官は大本営に直隷し、駐劄軍諸部隊を統督する。また帝国公使館領事館及び居留民の保護に任じ、京城地域の治安を維持し、作戦軍のため後方諸設備を担当する。八月、同勤務令の改正（満密発1403）により、軍司令官は天皇直隷となり、治安維持の担当地域が軍隊駐屯地方に変わった。軍司令官は兵站業務の一部を管掌し、これに関して兵站総監の区処を受けた。

三九年八月、韓国駐劄軍司令部条例（勅205、全改大7軍陸4）を定め、韓国駐劄軍司令官を平時常置とした。軍司令官は陸軍大中将より親補し、天皇に直隷して駐劄陸軍諸部隊を統率し、韓国の防衛に任じる。軍司令官は、軍政及び人事に関しては陸軍大臣の区処を、作戦及び動員計画に関しては参謀総長の区処を、教育に関しては教育総監の区処を受ける。軍司令官は、韓国の治安維持のために、統監の命令により兵力を使用することができた。

明治四三年八月、韓国併合条約により韓国を併合し、朝鮮と改称した。同月、朝鮮総督府を置き（勅319、廃止明43勅354朝鮮総督府官制）、九月、韓国駐劄軍を朝鮮駐劄軍に改称した（陸普3593）。大正七年五月、朝鮮軍司令部条例（軍陸4、廃止昭15軍陸12）を定めた。朝鮮軍司令官は陸軍大中将より親補し、天皇に直隷して朝鮮所在の陸軍諸部隊を統率し、朝鮮の防衛に任じる。区処権に関する規定は従来と同様である。軍司令官は、朝鮮総督の命令により兵力を使用できる。[12]八年八月、朝鮮軍司令官は総督の請求により出兵することとした（軍陸20）。総督の軍隊統率権を兵力使用請求権に改めたためである（勅386）。

三　関東軍司令官

関東軍司令官の前身は、明治三八年九月の関東総督府編成要領（送内191）による関東総督である。関東総督府勤務令（満密発1297）によると、関東総督は天皇に直隷し、指定の軍隊及び機関を統御し、関東の守備に任じる。総督は関東の民政を監督し、経理衛生事務を統督する。総督は特定の兵站業務に関して兵站総監の区処を承ける。この関東総督は戦時の占領地軍政機関であったが、日露講和条約及び一二月の対清条約発効後も存続した。

明治三九年八月、関東都督府官制（勅196、廃止大8勅94）を定め、関東総督に代えて関東都督を置いた。関東都督は租借地関東州の行政機関（外地行政機関）であると同時に陸軍の軍隊統率機関であった。即ち、都督は陸軍大中将より親任し、部下軍隊を統率し、管轄区域内の防備を管掌した。都督は、軍政及び軍人軍属の人事に関しては陸軍大臣の区処を、作戦及び動員計画に関しては参謀総長の区処を、教育に関しては教育総監の区処を承ける。都督は、管轄区域内の安寧秩序の保持のため、また南満洲の鉄道線路の保護及び取締のため、兵力を使用することができた。

大正八年四月、関東軍司令部条例（軍陸12、廃止昭21一復達4）を定め、関東軍司令官を置いた。関東庁官制（勅94）により、関東長官（外地行政機関）が新設されたためである[13]。但し、関東長官が陸軍武官であるときは関東軍司令官を兼ねることができた[14]。関東軍司令官は陸軍大中将より親補し、天皇に直隷して関東州及び南満洲所在の陸軍諸部隊を統率し、関東州の防備と南満洲所在の鉄道線路の保護に任じる[15]。軍司令官は、軍政及び人事に関しては陸軍大臣の区処を、作戦及び動員計画に関しては参謀総長の区処を、教育に関しては教育総監の区処を承けた[16]。軍司令官は関東長官の請求と関係なく、自己裁量により兵力を使用できた。昭和一七年九月、関東軍司令部を関東軍総司令部に改称した（軍陸甲80か）。

大正八年四月、関東軍司令官は、南満洲鉄道株式会社の業務中、軍事関係事項につき指示することができるとし（勅104）、更に、昭一七年七月、戦時及び事変に際して会社の業務に関し軍事上必要な命令を行うことができるとした（勅613）。

四　防衛司令官

昭和一〇年五月、防衛司令部令（軍陸8、廃止昭15軍陸12）を定め、東部、中部、西部の防衛司令部を置いた。防衛司令官は陸軍大中将より親補し、天皇に直隷して要地防空計画に任じた。防衛司令官は、軍政及び人事に関しては陸軍大臣の区処を、作戦計画及び動員計画に関しては参謀総長の区処を承けた。防衛司令官は担任事項につき関係師団を区処できる。一二年一一月、防衛司令官の職務を所管区域の防衛とした（軍陸8）。

五　軍司令官

昭和一五年七月、軍司令部令（軍陸12、改題昭20軍陸2軍管区司令部令、廃止昭21一復達4）を定め、台湾軍司令部、朝鮮軍司令部、防衛司令部の各制度を一本化した。軍司令官は陸軍大中将より親補し、天皇に直隷する。軍司令官は部下陸軍諸部隊を統率し、軍事に関する諸件を統理する。軍司令官は軍管区の防衛に任じ、軍管区内隷下外部隊を区処することができる。軍司令官は、軍政及び人事に関しては陸軍大臣の区処を、作戦計画及び動員計画に関しては参謀総長の区処を、教育に関しては教育総監の区処を承ける。一九年五月、軍司令官を二種類に分け、天皇に直隷しない軍司令官を置くこととした（軍陸8）。二〇年二月、軍司令部及び軍司令官を軍管区司令部及び軍管区司令官に改称した（軍陸2）[17]。

六　航空兵団長・航空軍司令官

昭和一一年七月の航空兵団司令部令（軍陸12、廃止昭17軍陸8）により、航空部隊が地上部隊から独立した。航空兵団長は陸軍大中将より親補し、天皇に直隷して部下飛行部隊を統率する。軍政及び人事に関しては陸軍大臣の区処を、作戦計画及び動員計画に関しては参謀総長の区処を、教育に関しては教育総監の区処を承ける。一三年二月、航空兵団長を航空兵団司令官に改称した（軍陸2）。

一七年五月、航空軍司令部令（軍陸8、廃止昭20陸達68）により、航空兵団司令部に代えて航空軍司令部を置いた。軍司令官は陸軍大中将より親補し、天皇に直隷して部下陸軍諸部隊を統率する。軍司令官は、軍政及び人事に関しては陸軍大臣の区処を、動員計画及び作戦計画に関しては参謀総長の区処を、教育に関しては陸軍航空総監の区処を承けた。

第三項　上級統率機関

一　防衛総司令官・総軍司令官

昭和一六年七月、防衛総司令部令（軍陸13、廃止昭20軍陸9）を定め、防衛総司令官を置いた(18)。防衛総司令官は陸軍大中将を親補し、天皇に直隷して内地及び朝鮮、台湾、樺太の防衛に任じる。また防衛に関し東部、中部、西部、北部、朝鮮、台湾の各軍司令官及び第一航空軍司令官を指揮する。防衛総司令官は、軍政及び人事に関しては陸軍大臣の区処を、作戦計画に関しては参謀総長の区処を承ける。一九年五月、防衛担任地域を内地に限定し、その権限を強化した（軍陸7）。即ち、防衛総司令官は部下陸軍諸部隊を統率し、防衛に関し所定の部隊を指揮する。また防衛のため防衛担任地域内の他の部隊を区処する。防衛総司令官は部下軍隊の教育及び指揮下軍隊の防衛教育を統監する。防衛総司令官は従前の区処関係に加え、一般教育に関しては教育総監の区処を、航空部隊の教育に関しては陸軍航空総監の区処を承けた。二〇年二月、防衛総司令官は防衛につき所定の軍管区司令官を指揮することになった（軍陸乙4）。

昭和二〇年四月、第一（第二）総軍司令部令（軍陸乙8）を定め、防衛総司令官に代えて総軍司令官を置いた(19)。総軍司令官は陸軍大将より親補し、天皇に直隷して部下諸部隊を統率し、防衛につき所定の部隊を指揮する。総軍司令官は担当軍管区の防衛につき責任を負い、防衛のため、防衛担任地域内の隷下外部隊（飛行部隊を除く）を区処する。総軍司令官は、軍政及び人事に関しては陸軍大臣の区処を、作戦計画に関しては参謀総長の区処を、教育（航空部隊の教育を除く）に関しては教育総監の区処を承ける。九月、総軍司令官は、管轄地域内の軍管区司令官及びその隷下部隊を指揮し「終戦」処理に任じた（軍陸18）。

二　航空総軍司令官

二〇年三月の航空総軍司令部臨時編成（軍陸甲54）によると、航空総軍司令官は陸軍大将を親補し、天皇に直隷して部下部隊を統率した。

第四項　衛戍警備機関

一　東京防禦総督

東京防禦総督は、日清戦争に際して置かれた東京衛戍の指揮機関であり、東京防禦総督部は戦時高等司令部勤務令の適用に関し軍司令部に準じた。

明治二八年一月の東京防禦総督部条例（勅9、廃止明34勅30）によると、東京防禦総督は大中将より補職し、天皇に直隷して東京の防禦に任じ、東京の衛戍勤務を統轄する。東京防禦総督は、軍政及び人事に関しては陸軍大臣の区処を、防禦計画に関しては参謀総長の区処を承ける。同時制定の防務条例[20]（明28勅8、廃止昭20陸海令15）により、東京防禦総督は、要塞司令官、師団長及び海軍の横須賀鎮守府司令長官を統べて東京防禦につき指揮し、東京防禦計画を管掌した。三一年一月、同総督を親補職とした（勅9）。

二　東京衛戍総督

東京衛戍総督は、日露戦争に際して置かれた東京衛戍の指揮機関である。

明治三七年四月、東京衛戍総督部条例（勅128、廃止大9勅232）を定めた。東京衛戍総督は大中将より親補し、天皇に直隷して東京の衛戍勤務を統轄する。軍政及び人事に関しては陸軍大臣の区処を承ける。大正九年八月、東京衛戍総督部を廃止し、東京衛戍司令官は近衛師団長または第一師団長が担当することとした。

三　関東戒厳司令官・東京警備司令官　戒厳司令官

関東戒厳司令官・東京警備司令官、戒厳司令官は首府警備のための指揮機関であり、戒厳令の一部適用に際して設置された。

大正一二年九月、関東大震災に伴う戒厳令の一部適用に際して、関東戒厳司令部条例（勅400、廃止大12勅480）を定めた。関東戒厳司令官は陸軍大中将より親補し、天皇に直隷して東京府及び其付近の鎮戍警備に任じ、その任務達成のため陸軍軍隊を指揮する。また軍政及び人事に関しては陸軍大臣の区処を受ける。

同年一一月、一部適用の終止に伴い、関東戒厳司令部条例を廃止して東京警備司令部令（勅480、廃止昭12勅692）を定めた。東京警備司令官は大中将を親補し、天皇に直隷して帝都及び付近の警備に任じ、東京衛戍司令官の職務を行ない、軍政及び人事に関しては陸軍大臣の区処を承ける。また、警備区域内の軍隊を警備に関し指揮し、同区域内では、第一師団長の職務（防禦及び陸軍建築物保護）を行った（軍陸10）。東京警備司令部は昭和一二年一一月廃止され、警備業務は防衛司令部が担当した（軍陸8）。

昭和一一年二月、二・二六事件に伴う戒厳令の一部適用に際して、戒厳司令部令（勅20、廃止昭11勅191）を定め、また東京警備司令官の職務を停止した。戒厳司令官は陸軍大中将より親補し、天皇に直隷して東京市の警備に任じ、その任務達成のため陸軍軍隊を指揮する。戒厳司令官は、軍政及び人事に関しては陸軍大臣の区処を受ける。七月、一部適用の終止に伴い、戒厳司令部を廃止した。

第五項　占領地統治機関

一　占領地総督

明治二八年三月、占領地総督部条例（勅38、廃止明29勅261）を定め、同総督部を遼東半島金州

（二七年一一月占領）に置いた。[21] 占領地総督は陸軍大中将より補職し、大本営に隷する。占領地総督は占領地内の陸軍部隊を統率し、軍事事項及び占領地一般民政を総理する。総督は、軍政及び民政に関し大本営の区処を受けた。

二　青島守備軍司令官

大正三年一一月の青島占領に伴い、同地方の占領地に青島守備軍司令官を置いた（軍陸8、廃止大6軍陸6）。青島守備軍司令官は陸軍大中将より親補し、天皇に直隷して守備陸軍諸部隊等を統率する。また、占領地の警戒及び防備に任じ、占領地の民政を統轄し、山東鉄道等の管理経営に関する事業を監督し、山東鉄道等の保護に任じた。六年九月、青島守備軍司令部条例（軍陸6、廃止大11軍陸13）を定め、青島守備軍司令官は占領地を管轄・防備し、また陸軍大臣の監督を承け、作戦及び動員計画について参謀総長の区処を承けることになった。大正一一年一二月、守備軍の撤退完了に伴い、同司令部を廃止した。

三　香港占領地総督

昭和一六年一二月の香港占領を承け、翌一七年一月、香港占領地総督部を編成した（軍陸甲3）。香港占領地総督は、旧英領及び租借地の防衛及び軍政施行に任じ、防衛事項の一部等につき支那派遣軍総司令官の区処を受けた（同月大陸命592）。一九年一二月、総督は大中将より親補し、天皇に直隷して香港方面占領地の軍政を施行することとし、また総督部には、戦時高等司令部勤務令の軍司令部に関する規定を準用した（軍陸甲162）。

註（1）これを四単位制師団と称し、昭和一五年前後より三単位制師団（三個歩兵聯隊で編成）への転換が進められた。転換の目的は、補給行程の延長化を防止することにあった。尚、聯隊長以下の統率権は、軍隊内務書（明41軍陸17）に規定された。
（2）但し、師団長には、平時より軍司令官に隷するものがあった（例えば、朝鮮常設の師団長）。
（3）これは、日露戦争により大将へ進級する中将を、待命とせず師団長に在職させるための措置であった（貳大）。
（4）屯田兵は徴兵制度の例外を構成した。屯田兵は、志願により徴募され、その子弟に兵役を「相続」させる場合があった。屯田兵は家族と共に北海道に入植し、家屋土地農具ほか生活物資の支給を受けた。平時には農業に従事し、軍事訓練を受け、戦時等には北海道の警備防禦に任じた。屯田兵の兵科官等待遇は陸軍の正規軍人に準じた。屯田兵は明治七年一〇月の制度創設当初、開拓使に属したが、一五年二月、開拓使の廃止に伴い、陸軍省に属した。一九年二月、屯田兵の経費・開拓・土地等の事務を北海道庁に移管した。
（5）屯田兵本部長そして屯田兵司令官は、一時、北海道庁長官を兼ねた。
（6）明治三七年九月の屯田兵条例の廃止は、第七師団の完成及び現役屯田兵の後備役編入（同年四月）によるものである（貳大）。
（7）例えば、昭和一四年九月の支那派遣各軍司令部臨時編成竝編制改正要領（軍陸甲34）。
（8）例えば、昭和四年二月の支那駐屯軍司令部勤務令（軍陸乙2）、昭和一六年一一月の南方各軍司令部勤務令（軍陸乙34）。
（9）明治二八年六月、台湾事務局官制（勅74、廃止明29勅131）により、台湾総督に関する中央の管理機関として、内閣に台湾事務局を置いた。台湾事務局（総裁一名）は、内閣総理大臣の監督を受け、台湾及び澎湖列島に関する文武諸般の事務を管理する。同年九月、大本営と台湾事務局との事務分界（総督宛総裁海相陸相通牒）を定め、台湾事務局の軍事関与権を縮小した。即ち、民政及び外交に属する事件は台湾事務局の所管とし、軍事に属する事件は大本営または陸海軍省が台湾総督と直接往復する。両方に関する事件は、台湾事務局と大本営または陸海軍省が協議するとした。二九年四月、台湾事務局を廃止し（勅131）、三〇年八月、拓殖務省の廃止（勅294）に伴いこれを再置した（勅295、廃止明31勅259）。但し、第二次の台湾事務局は、従前のような、軍務を含む包括的な事務管理機構ではなく、拓殖務省と同様の政務掌理機構とされた。

(10) 明治三六年一二月、必要に応じ台湾守備軍司令官を置くことを定めた（勅296）。同司令官は陸海軍中将より親補し、台湾総督の命を承けて陸海軍を指揮する。緊急の場合には、総督と同一の軍事権限を行使できた。この規定は総督（当時、参謀本部次長を兼職中）の台湾不在時に備えるものであった。

(11) 現役陸海軍武官が台湾総督に在職する場合、現役を継続した（大8勅402、廃止昭21一・二省2）。

(12) 朝鮮総督は朝鮮の行政機関（外地行政機関）であると同時に陸海軍の軍隊統率機関であった。設置当初は、委任の範囲内で陸海軍を統率し、一切の政務を統轄し、その職務は現任の統監が行うとされた。明治四三年九月の朝鮮総督府官制によると、朝鮮総督は陸海軍大将を親任し、天皇に直隷して委任の範囲内で朝鮮にある陸海軍を統率し、朝鮮の防備を管掌した。同年一〇月の委任状（八月裁可、海・陸相奉勅。廃止大正八年八月）によると、朝鮮総督府官制第三条の委任事項は、①朝鮮の安寧秩序を維持するために、朝鮮駐屯の陸軍部隊及び海軍防備隊を使用すること（使用の場合、直ちに、首相、陸相、海相、参謀総長、海軍軍令部長に移牒する）、②朝鮮に駐屯する軍人軍属を満洲、北清、露領沿海州に派遣すること、である。大正八年八月の官制改正（勅386）により、総督の性格を専ら行政機関に限定し、総督の任用資格を削って武官以外の任用を認めた。但し、現役陸海軍武官が朝鮮総督に在職する場合、現役を継続した（大8勅402、廃止昭21一・二復省2）。
（13）昭和七年七月二六日の閣議決定に基づき、関東軍司令官が関東長官及び駐満特命全権大使を兼務することになった。昭和九年一二月、関東庁を廃し、駐満大使館に関東局を置いた（勅348）。尚、対満事務局総裁は陸軍大臣が兼務するを例とした。
（14）現役陸軍武官が関東長官に在職する場合、現役を継続した（大8勅98、廃止昭9勅395）。尚、現役陸軍武官が対満事務局の職員に専任された場合、現役を継続した（昭9勅387、廃止昭21一復省6）。
（15）康徳五（昭和一三）年三月の満洲国軍令第二号により、帝国内所在の同盟国軍（関東軍）は、防衛法第二九条に基づき、防衛の実施準備に関して、満洲国軍を統制区処した。昭和一七年七月、関東軍司令官は満洲主要各地の防衛及び日本帝国臣民の保護に任じた（臨参命25）。
（16）昭和一三年九月の関東軍勤務令（軍陸乙24）によると、軍司令官は満洲（関東州を含む）の防衛に任じ、軍政、人事、航空兵科専門教育に関しては陸軍大臣の区処を、作戦計画及び動員計画、軍隊配置に関しては参謀総長の区処を、教育に関しては教育総監の区処を承けた。また関東軍司令部条例は勤務については適用しないことになった。
（17）改称は、内地の軍司令部について行われ、国外出征中の軍司令部は、そのまま存続した。但し、軍管区司令官（留守）と方面軍司令官（作戦軍）の兼務を例とした。尚、昭和二〇年六月、東京防衛軍司令部が臨時編成された（軍陸甲95）。東京防衛軍司令官は大中将より親補し、隷下部隊を統率する。司令部の勤務には、戦時高等司令部勤務令の軍司令部に関する規定を準用した。
（18）昭和一六年七月の防衛総司令部臨時編成要領（軍陸甲33）によると、防衛総司令官の勤務は、防衛総司令部令の他、戦時高等司令部勤務令に依拠した。

(19) 昭和二〇年三月、第一（第二）総軍司令部の勤務には、戦時高等司令部勤務令の方面軍に関する規定を準用した（軍陸甲60）。

(20) 防務条例は、首府及び海岸防禦地点に関する陸海軍協同作戦の指揮及び任務を規定した。明治三二年一月、海軍大臣は、東京湾口及び横須賀の防禦を横須賀鎮守府司令長官に移すべく、条例改正を陸軍大臣に提議した。これは陸軍大臣の反対に遭ったが、三四年一月、条例から東京防禦総督に関する規定を削除し、横須賀鎮守府司令長官に対する陸軍側の指揮権を廃止した。また防禦地域から首府（東京）を除外し、海岸防禦地点（東京湾を含む）に限定した。平時の陸海軍協同防禦計画は、参謀総長及び海軍軍令部長が協商して裁定し、陸軍大臣または海軍大臣に移すとし、陸軍大臣または海軍大臣は、これを鎮守府司令長官や要塞司令官など関係長官に令達した。東京湾防禦は、横須賀鎮守府司令長官と東京湾要塞司令官が協同して行うことになった（明34勅1）。

(21) その設置目的は、直隷平野に展開する作戦軍の司令官の地方事務を軽減することにあった。

乙　海軍

第六項　艦隊司令長官

明治二二年七月、艦隊条例（勅100、全改明42軍海7、廃止大3軍海10）を定め、艦隊司令長官を置いた。艦隊司令長官は将官より補職し、天皇に直隷して麾下の軍艦を統率・検閲し、海軍大臣の命を承けて所管の軍政を総理する。二九年三月、海軍定員令（内1）において、補職資格を少将以上とし、三〇年一〇月、艦隊条例から補職資格を削った（勅356）。

三三年五月、艦隊司令長官を親補職とし、軍政及び人事に関する海軍大臣の指揮権を認め（勅198）、また補職資格を大中将とした（内48）。三六年一二月、海軍大臣の指揮事項を単に軍政とした。また司令長官を置かない艦隊の司令官を親補職とし、その職権は司令長官の職権に準じた（勅281）。

大正三年一一月、艦隊令（軍海10、廃止昭20軍海10）により、聯合艦隊に関する規定を設けた。聯合艦隊司令長官は親補職とし、天皇に直隷して聯合艦隊を統率し、また所属の艦隊司令長官及び独立艦隊司令官（直隷機関）を指揮する。軍政に関しては海軍大臣の指揮を承ける。[1]昭和八年九月、聯合艦隊司令長官及び艦隊司令長官に対する軍令部総長の作戦計画指示権を認めた（軍海6）。昭和一三年一一月、聯合艦隊司令長官、艦隊司令長官、独立艦隊司令官（昭12内169で中少将大佐より補職）を親補職とした（軍海8）。二〇年一月、聯合艦隊司令長官に、支那方面艦隊及び海上護衛総司令部、鎮守府、警備府の各部隊に対する作戦指揮権を認めた（大海令36）。

第七項　鎮守府司令長官

鎮守府は軍港に置かれ、所管海軍区の防御や出師準備を管掌した。海軍の艦船は、原則として、鎮守府に本籍を置いた（明22勅99軍艦条例、明29勅71海軍艦船条例、大5軍海6艦船令）。

明治九年六月、鎮守府を置いた。[2] 九月の海軍鎮守府事務章程（丙3、廃止明17丙167鎮守府条例）によると、鎮守府は所管艦船水兵等を統轄し、管海の保護を管掌した。鎮守府司令長官は将官より任じ、所轄の艦船及び諸員を統督し、海軍卿に対して責任を負担した。

一九年四月、鎮守府官制（勅25、廃止明22勅72）を定め、鎮守府司令長官の管掌事項に、軍港要港の防禦を加えた。司令長官は平時の軍令事項を海軍大臣に報告し、人事会計に関して海軍大臣の区処を承ける。二二年五月の鎮守府条例（勅72、明40軍海2、全改大12軍海5鎮守府令、廃止昭20軍海10）によると、鎮守府は海軍区に置かれ、軍港要港管海の防備を行なう。司令長官は海軍中将を補職し、天皇に直隷して所属の軍艦軍隊を統率し、海軍大臣の命を承けて軍政を総理する。二六年五月、鎮守府を軍港に置くこととし、管掌事項に出師準備を加え、司令長官は海軍中少将より補職した（勅39）。二九年七月、司令長官の補任資格を将官とし（勅271）、三〇年九月、海軍大中将とした（勅319）。

三三年五月、鎮守府は出師準備、防禦計画、海軍区警備を行うこととした（勅199）。鎮守府司令長官は天皇に直隷して艦隊艦船部団隊を統率し、軍政及び人事に関しては海軍大臣の指示を、出師準備及び防禦計画に関しては海軍軍令部長の区処を承けた。その補職資格（大中将）は海軍定員令（内48）で規定した。三六年一一月、海軍軍令部長の区処権を削除し、海軍大臣の指示事項を軍政と表現した（勅173）。昭和八年九月、司令長官は作戦計画につき軍令部総長の区処を承けることになった（軍海7）。

第八項　要港部司令官

一　要港部司令官・警備府司令長官

要港部は明治二二年五月の鎮守府条例（勅72）により設けられた。要港部司令官は佐官より補職し、鎮守府司令長官の命を承けて要港を守備する。要港部司令官は直隷機関ではなかった。二六年五月、要港部司令官に関する規定を削除し、要港防禦は鎮守府の所管となった（勅39）。明治二九年一月、要港部条例（勅4、四月施行。全改明41軍海1、全改大12軍海1要港部令、改題昭16軍海19警備府令、廃止昭20軍海10）を定め、鎮守府に属する要港部が復活した。要港部司令官は少将または大佐より補職し、鎮守府司令長官に隷し、部下艦船隊を統率する。戦時には、独立指揮権を行使する場合があった。三〇年一一月、要港内の艦船に対する指揮権を得た（勅404）。

明治三三年五月、要港部司令官は直隷機関に昇格し、軍政及び人事に関しては海軍大臣の指示を、防禦計画に関しては海軍軍令部長の区処を、艦政、兵事、海岸海面警備に関しては所在海軍区の鎮守府司令長官の区処を承けた（勅206）。三四年七月、馬公要港部司令官に対する台湾総督の区処権を認め（勅141、大8軍海7で廃止）、三六年一一月、要港部司令官は海軍大臣の命を承けて軍政を管掌した。海軍軍令部長の区処権と海岸海面警備に関する鎮守府司令長官の区処権を削除した（勅177）。三八年一二月、司令官の補職資格を中少将とした（内755）。大正元年九月、兵事に関する鎮守府司令長官の区処権を廃した（軍海1）。一二年三月、要港部は所管警備区の防備を管掌した（軍海1）。昭和三年三月、要港部の管掌事項に出師準備を加え（軍海2）、八年九月、作戦計画に関する軍令部総長の区処権を復活した（軍海8）。一三年一一月、司令官を親補職とし（軍海6）[3]、一五年一一月、司令官の補職資格を中将とした（内800）。一六年一一月、要港部及び要港部司令官を警備府及び警備府司令長官に改称した（軍海19）。

二　臨時青島要港部司令官

大正三年八月、日独戦争（第一次世界大戦）において、海軍はドイツ租借地の青島を占領し、その確保のため、同年一一月、臨時青島要港部条例（内301、廃止大4内177）を定め、臨時青島要港部を置いた。同要港部は、青島の防禦及び付近の海岸海面の警備、軍需品の配給を管掌する。臨時青島要港部司令官は中少将より補職し、天皇に直隷して麾下艦船を統率する。軍政に関しては海軍大臣の命を承け、艦政に関しては佐世保鎮守府司令長官の区処を受ける。同月、同要港部の管轄地域を膠州湾租借地に拡大した（内318、廃止大4内185）。四年六月、同要港部を廃止し（内177）、その管掌事項を臨時青島防備隊に移した（内187）。

三　旅順鎮守府司令長官・旅順要港部司令官

旅順鎮守府司令長官の前身は、明治三七年八月の旅順口鎮守府条例（内342、廃止明39内305）による旅順口鎮守府司令長官（大中将）である(4)。本条例は旅順口占領時（三八年一月七日）より施行した（明37内351）。旅順口鎮守府は占領地旅順口に置かれ、黄海及び遼東海湾方面の占領地の海岸海面の警備防禦に任じ、所轄諸部隊を統督する。旅順口鎮守府は鎮守府条例の準用を受け、兵員配布及び補給は佐世保鎮守府が管掌した。

明治三九年九月、旅順鎮守府条例（勅248、明40軍海3、廃止大3軍海2）を定め、租借地旅順に旅順鎮守府を置いた。旅順鎮守府は関東州の海岸海面を警備・防禦する。旅順鎮守府司令長官は大中将（明39内314）より親補し、天皇に直隷して麾下艦隊艦船部隊を統率する。軍政に関しては海軍大臣の命を承ける。大正二年三月、旅順鎮守府の管掌事項を警備と防禦計画に変更し（軍海1）、補職資格を中将とした（内31）。

大正三年三月、旅順要港部条例（軍海2、廃止大11軍海2）により、旅順鎮守府に代えて旅順要港部を設けた。旅順要港部は、旅順及びその付近の海岸海面の防禦警備と軍需品の配給を管掌する。旅順要港部司令官は中少将（大3内35）より親補し、天皇に直隷して麾下艦船隊を統率する。軍政に関しては海軍大臣の命を承け、艦政（船体機関、兵器等の技術事項）に関しては佐世保鎮守府司令長官の区処を受けた。旅順要港部は大正一一年一二月に廃止され、防禦警備は旅順防備隊に移管された(5)。

昭和八年四月、旅順要港部令（軍海2、改題昭16軍海20旅順警備府令、廃止昭20軍海10）を定め、再び旅順要港部を置いた。旅順要港部は所管警備区の防禦警備、満洲国沿岸の警備、所管の出師準備を管掌する。旅順要港部司令官は中少将（内142）より補職し、天皇に直隷して部下艦船部隊を統率する。軍政に関しては海軍大臣の命を承け、艦政に関しては佐世保鎮守府司令長官の区処を受けた。九月、司令官は作戦計画につき軍令部総長の指示を承けることとした（軍海9）。一一年六月、佐世保鎮守府司令長官の艦政区処権を削り（軍海2）、一三年一一月、司令官を親補職とした（軍海7）。一五年一一月、司令官の補職資格を中将とし（内800）、一六年一一月、旅順要港部及び旅順要港部司令官を旅順警備府及び旅順警備府司令長官に改称した（軍海20）。

第九項　商港警備府司令長官

昭和一六年一一月、商港警備府令（軍海21、廃止昭20軍海10）により、重要商港に商港警備府を置くことを定め、大阪市に大阪警備府を設けた(6)。商港警備府は所管警備区の防禦及び警備、所轄の出師準備を管掌する。商港警備府司令長官は中将（内1434）より親補し、天皇に直隷して部下艦船部隊を統率する。司令長官は海軍大臣の命を承けて軍政を管掌し、作戦計画に関しては軍令部総長の指示を承ける。

第一〇項　海軍聯合航空総隊司令官

昭和一八年一月、海軍聯合航空隊令（昭13軍海17、廃止昭20軍海10）を改定して海軍聯合航空総隊を設けた。同航空総隊は複数の海軍聯合航空隊より編成される。海軍聯合航空総隊司令官(7)は天皇に直隷して部下軍隊を統率する。軍政に関しては海軍大臣の命を承け、作戦計画に関しては軍令部総長の指示を承ける。

第一一項　海上護衛司令長官

昭和一八年一一月、海上護衛総司令部令（軍海16、廃止昭20軍海10）を定めた。海上護衛総司令部は「大東亜戦争」の間、東京に置かれ、海上交通保護を管掌した。海上護衛司令長官は大中将（内2389）より親補し、天皇に直隷して部下艦船部隊を統率する。司令長官は軍政に関しては海軍大臣の区処を、作戦計画に関しては軍令部総長の指示を承け、海上交通保護に関し鎮守府司令長官、警備府司令長官、商港警備府司令長官を区処できた。

第一二項　海軍総司令長官

昭和二〇年四月、海軍総隊司令部令（軍海2、廃止昭20軍海10）により、海軍総隊司令部を置き、海軍部隊の作戦指揮を管掌させた。海軍総司令長官[8]は大中将（内員780）より親補し、天皇に直隷し、作戦につき聯合艦隊司令長官、鎮守府司令長官、警備府司令長官、海上護衛司令長官等を指揮する。軍政に関しては海軍大臣の指揮を、作戦計画に関しては軍令部総長の指示を承ける。

第一三項　その他の統率機関

一　臨時南洋群島防備隊司令官

大正三年八月、日独戦争（第一次世界大戦）において、海軍はドイツ保護領の南洋群島を占領し、その確保のため、同年一二月、臨時南洋群島防備隊条例（内401、全改大7内208、廃止大11内100）を定め、東カロリン群島トラック島に臨時南洋群島防備隊を置いた。同防備隊は、南洋の占領地及びその付近の海岸海面の警戒防備と民政、軍需品の配給を管掌する。臨時南洋群島防備隊司令官は少将より補職し、天皇に直隷して麾下艦船部隊等を統率し、民政を統轄する。軍政（軍事行政）及び民政に関しては海軍大臣の指揮を承け、艦政に関しては横須賀鎮守府司令長官の区処を承ける。七年七月、司令官の補職資格を中少将とし（内208）、一〇年四月、司令官は占領地の施政・管轄を管掌した（内129）。

大正九年一月公布の対ドイツ講和条約及び同年一二月に国際連盟理事会決定の委任統治条項

により、南洋群島は日本のC式委任統治地域（受任国がその領土として統治を行う地域）となり、一一年三月、臨時南洋群島防備隊を廃止して（内100）一般の外地行政機構たる南洋庁を置いた。

二　駐満海軍部司令官

駐満海軍部(9)は昭和八年三月の駐満海軍部令（軍海1、廃止昭13軍海9）により満洲国新京に置かれ、満洲国沿海及び河川の防御、河川の警備に任じた。駐満海軍部司令官は中少将（昭8内103）より補職し天皇に直隷し、部下の艦船部隊を統率する。司令官は海軍大臣の命を承けて軍政(10)を掌り、昭和八年九月からは作戦計画に関し軍令部総長の指示を承けた（軍海10）。駐満海軍部は昭和一三年一一月に廃止され、満洲国沿海の警備を担当する主な機関は旅順要港部となった。

註（1）大正一三年一一月、聯合艦隊司令長官の管掌する軍政を、統率に直接付帯する事項（艦船部隊の行動配備、演習、行動需品、艦政など）に限定した（官3567）。

（2）鎮守府の前身は明治四年七月、兵部省に置かれることになった提督府（九年八月廃止）であるが、その官衙は実際には設置されなかった。六年一月、仮に提督府を海軍省内に置き、八年七月、提督府仮職制及び事務章程を定めた。提督府は所轄艦隊を総督し、管内を警備し、その長は艦船人員を統督し、海軍省に対して責任を負担した。

（3）これ以前の親補職の司令官には、竹敷要港部司令官（明37勅3）や舞鶴要港部司令官（昭11軍海1）がある。尚、司令官の補職資格等には、各要港部により若干の異同があった。

（4）日清戦争に際し、明治二七年一一月の旅順口占領後、旅順口海軍根拠地を置いた（官3231旅順口海軍根拠地条例、廃止明29官548ノ3）。同海軍根拠地は、出征艦船部隊に対する兵備品供給や兵員補充等を行なった。旅順口海軍根拠地司令長官は海軍中少将より補職し、大本営に直隷して根拠地の守備に任じ、所属艦船部隊を統率した。また軍事統理に関しては海軍大臣の命を承けた。

（5）大正一四年三月、佐世保鎮守府より兵科佐官一名を旅順に派遣した（官機254）。この関東州在勤武官は、関東庁及び関東軍司令部との連絡、海軍関係事項の処理、諜報事務に従事し、諜報事務に関しては海軍軍令部長の区処を受けた。

（6）大阪警備府の前身は、昭和一五年三月の阪神海軍部令（軍海3、廃止昭16軍海21）による阪神海軍部である。阪神海軍部は大阪に置かれ、呉鎮守府に属して大阪及び神戸地方に関する警備及び出師準備の事務を管掌する。部長は呉鎮守府司令長官に隷し、部務を総理した。

（7）海軍練習聯合航空総隊司令官の補職資格は中将であった（昭18内70）。

（8）海軍総司令長官は、国土防衛のため、海軍の対外部隊と国内部隊を統一的に指揮する機関であり、聯合艦隊司令長官が兼務した（内874）。

（9）駐満海軍部の前身は昭和七年一月に置かれた満洲海軍特設機関である。同機関は海軍大臣の命を承けて満蒙での調査研究を行い、また海軍軍令部長の区処を承けて諜報に従事し、五月より満蒙での警備も担当した。

（10）この軍政には、満洲国海軍の指導も含まれる（八年四月一五日付（軍務151）駐満海軍部司令官宛海軍省軍務局長通知）。

丙　臨時最高統率機関

第一四項　大本営

一　概　説

大本営は、戦時または事変に際して、天皇が軍事権限を行使するために臨時設置する最高統率機関である。大本営は天皇（軍事最高機関）の下、参謀総長及び海軍軍令部長（軍事計画機関）と陸軍大臣及び海軍大臣（軍事行政機関）を前者を主体にして統合している。

大本営は、原則として、一般の文官――特に内政・外交・財政を担当する国務大臣――を排除していたから、総合的な戦争指導機関ではなかった。明治期には、天皇の特旨により一部の国務大臣や枢密院議長が出席し、出席者個人の政治的影響力によって、例外的に総合指導が可能となった。

昭和期には、大本営政府連絡会議（昭和一二年一一月開始）や大本営政府連絡懇談会（一五年一一月開始）が設けられ、内閣総理大臣以下の国務大臣が参加したが、これらの会議は非制度的な連絡協議体に過ぎなかった[1]。昭和二〇年三月、天皇の特旨により内閣総理大臣が大本営に列したが、実効的な戦争指導はもはや不可能であった。

二　戦時大本営条例及び大本営令

明治二六年五月、戦時大本営条例（勅52、廃止昭12勅658）を定め、陸軍の参謀総長を全軍の幕僚長とする大本営制度を創始した。二七年六月の戦時大本営編制によると、大本営は武官部と文官部から構成され、文官部の人員は臨時に規定した。参謀総長は計画の参画、奏上及び命令の伝達に任じた。海軍軍令部長は海軍参謀上席将官に該当し、参謀総長を補佐し、また陸軍参謀上席将官（参謀次長に該当）と共に参謀総長の奏上に陪列した。陸軍大臣及び海軍大臣は参謀総長の奏上に陪列し、所要の補給準備を整理した。将校及び高等軍属の人事処理については、軍事内局を設けた。大本営は、日清戦争に際し、明治二七年六月に設置され(2)、二九年四月に解散した(3)。但し、軍事内局は三〇年三月末まで存続した。

明治三六年一二月、大本営における参謀総長と海軍軍令部長の地位を対等とした（勅293）。即ち、参謀総長の地位を陸軍の幕僚長に限定し、海軍軍令部長の地位を海軍の幕僚長とした。両者は機密事項に「奉仕」して作戦に参画し、陸海両軍の協調を図った。

明治三七年一二月、戦時大本営編制を改正し、また戦時大本営勤務令を制定した。従来の文官部を廃止したため、大本営が戦争指導機関となる可能性は否定された。参謀総長及び海軍軍令部長は計画の参画奏上及び命令の伝達に任じる。陸海軍共同作戦については両者が協議策定して奏上し、各軍個別の作戦は勅裁の後、相互に通牒する。陸軍大臣及び海軍大臣はその地位権限を強化され、大本営の議に列し、各総長の作戦計画奏上に陪し、軍政につき区処することになった。陸軍大臣は大本営にいわば単独で参加したが、海軍大臣は、大臣副官部及び軍事総監部を伴なった。尚、軍事内局は廃止された（陸軍大臣及び海軍大臣が人事を担当したと推定される）。大本営は、日露戦争に際し、三七年二月に設置され、三八年一二月に復員した。

大正三年八月、戦時大本営勤務令を改正し、軍令部長の作戦伝達先を出征各独立指揮官から各独立指揮官に拡大した(4)。昭和八年四月、戦時大本営編制を改正し、海軍軍令部長の地位権限を強化した。即ち、従来、海軍大臣に隷属した海軍次官及び海軍省局長を、軍令部総長に隷属する大本営海軍戦備考査部に編入した。

昭和一二年一一月、大本営令（軍1、廃止昭20陸海達1）を定め、戦時のほか、事変に際しても大本営を設置できる旨明示した。同月制定の大本営編制及び大本営勤務令により、教育総監部職員の大本営参加を認めた。大本営は、日中戦争に際し、一二年一一月に設置され、二〇年九月に閉鎖廃止された(5)。

三　海運総監

昭和二〇年五月、海運総監部令（軍陸甲1・内377、廃止昭20陸海達1）を定め、大東亜戦争中、大本営に海運総監部を置いた。海運総監部は海上輸送、配船、船舶準備に関する計画を管掌する。海運総監は大中将を補職し、参謀総長及び軍令部総長の指揮を承け、軍関係の海上輸送業務に関しては各総長の指示を受ける。海運総監は船舶司令官、鎮守府司令長官、警備府司令長官を指示した。

註（1）いわゆる御前会議（昭和一三年一月開始）や最高戦争指導会議（昭和一九年八月開始）も同様であった。
（2）明治二八年一月、大本営と行政各部との事務連絡交渉は、陸海軍大臣を経由することとした（臨発1288）。
（3）明治三三年七月の允裁により、大本営を設置しない時には、参謀総長が動員部隊への軍令を策案・奉行し、陸軍大臣にこれを通報する。三七年一月、この規定を改め、内地港湾出発前・帰着後の臨時派遣隊への軍令は陸軍大臣が奉行することとした。
（4）大正三年八月、戦時で大本営未設置の場合、海軍軍令部長が軍令事項を伝達することとした（軍海7海軍軍令部条例改正）。
（5）廃止は、大本営及び陸海軍省に対する最高司令官覚書（AG091(10 Sep 45) CS）に基づいた。

第一〇節　編制及び動員

編制は、軍隊行動（兵力の移動及び行使）を目的とする、軍事組織の具体的構成のことであり、動員は編制の臨時転換を意味する。従って、編制及び動員の法理論上の価値は小さいが、軍事政策及び軍事技術の観点からすると、その意義は重大である。

第一項　編　制

甲　陸軍

陸軍における編制とは、各部及び団隊の組織の構成内容、即ち、部署の区分、人員の定数・階級・配置等及び馬匹の定数をいう。

一　平時編制

明治二三年一一月、陸軍定員令（勅267）[1]により、平時における現役軍人、馬匹、在職文官の数を定めた。但し、陸軍省及び千住製絨所の職員、休停職中の軍人、一年志願兵及び六週間現役兵は本令の定員外とされた。陸軍平時の組織は、原則として、常備軍隊（近衛及び師団に属する各兵科聯隊及び大隊等）、屯田兵、憲兵隊、諸学校生徒隊及び教導隊、軍務分掌部局に分類された。軍務分掌部局には、中央部（参謀本部、監軍部）、地方部（近衛・師団・旅団等の諸司令部等）、特務部（東宮武官、外国留学将校同相当官等）、衛戍部（病院、監獄）、諸学校（陸軍大学校、陸軍士官学校、陸軍幼年学校、教導団等）、伴属部（軍馬育成所等）がある。

明治二九年二月、陸軍平時編制（送乙651）を定めた。平時の陸軍は、原則として、現役軍人及び軍属で編成する。陸軍平時の組織は、

軍隊：近衛師団、線列師団、屯田兵団、要塞砲兵聯隊等、警備隊、憲兵等

官衙：陸軍省、参謀本部、監軍部、東京防禦総督部、要塞司令部、千住製絨所等
学校：陸軍大学校、陸軍士官学校、陸軍幼年学校、陸軍教導団等
特務機関：東宮武官、将校生徒試験委員、外国駐在視察員
に分類され、陸軍省及び千住製絨所も編制中に含めた。同年六月、陸軍定員令を廃止した（勅245）。

二　戦時編制

明治一四年五月、戦時編制概則（達乙30、消滅明21陸達155・247）により、戦時の編制に関する総合規定を設け、軍団・師団・独立師団・旅団の編制、各本営諸官等の職務を定めた。軍団は二乃至三個師団で編成し、軍団長（大中将）が統率する。師団及び独立師団は二乃至三個旅団で編制し、師団長（中少将）が統率する。旅団は二乃至三個聯隊等で編制し、旅団長（少将大佐）が統率するとした。

明治二一年七月、師団戦時整備表（陸達155、廃止明26送乙1919）により、戦時の師団に関する編制の大綱を定めた。戦時の師団に関し、野戦師団（歩兵二個旅団等で編成）、野戦予備隊（後備歩兵二個聯隊等）、留守官衙及び諸隊（留守師団司令部及び留守旅団司令部、歩兵補充四個大隊等）を整備するとした。同月、戦時師団司令部編制表外十一表（陸達156）により、戦時師団司令部・戦時歩兵旅団司令部・留守師団司令部等の編制を定めた。

同年一二月、師団戦時整備仮規則（陸達247）により、戦時の師団に関する編制概則を定めた。即ち、野戦師団（歩兵二個旅団、即ち歩兵四個聯隊等で編制）・野戦予備隊・留守官衙及び留守諸隊の編制概要、諸隊の目的及び用法、留守師団長の任務、補充隊の用法を規定した。留守師団長は、野戦隊出発の日より地方司令官の権を有し、諸官衙及び留守諸隊を統括する。また留守旅団長は、補充隊の監視及び旅管内の徴兵を管掌する。野戦補充隊は野戦隊に人員馬匹及び材料を補充する。後備補充隊は内地の守備し、野戦予備隊の損失を補充するとした。

明治二六年一二月、戦時編制（送乙1909、実施二七年五月）により、軍・師団（旅団を含む）・兵站部・守備隊・留守官衙・補充隊の編制を定めた。戦時に編成する陸軍諸隊は、原則として、現役、予備役、後備役の軍人で構成する。陸軍諸隊は、野戦隊、守備隊、補充隊、国民軍に分類する。国民軍の編制は、臨時の勅命により定め、大本営の編制は別の規定に譲る。軍（軍司令官は大中将）は複数の師団等より、師団は歩兵二個旅団等より、歩兵旅団は歩兵二個聯隊より、編成する。師団は軍の「大単位」となる。兵站勤務に従事する部外文官は、動員時より軍属とする。留守官衙は、各師団において、留守師団司令部一個と留守旅団司令部二個を編成する。留守官衙は、野戦隊の動員が完成し衛戍地を離れる日より、補充隊及び守備隊を統轄し、また徴兵事務、召集事務、教育、経理、衛生、物資の準備等を管掌するとした。留守官衙の事務取扱方法は、平時の当該官衙のものと同様であった。

明治三二年一〇月、戦時編制に代えて、陸軍戦時編制を定めた（送丙56）。陸軍戦時編制は、従来の戦時編制が規定していた人馬物件の供給方法を動員計画令に譲り、動員計画令との規定区分を明確にした。また、動員計画訓令等の中に存在した編制事項（鉄道船舶の輸送に関する諸部等）を纏めて規定することになった。

乙　海軍

海軍における編制とは、（1）艦隊等諸隊の名称、数及び所属艦船機等の数、行動区域、指揮官の数、または（2）戦闘遂行等のために定める、艦内または隊内の人員及び物件の区分及び編組をいう。原則として、（1）は編制で、（2）は編制規程（編制令）で定められた。人員の定数・階級・配置等に関しては、海軍定員令や戦時定員規則等を定めた。海軍の編制は、原則として既存の艦船機数に基づくため、戦争事変に際し直ちに大きく変動することはなかった。

一　平時編制

明治一七年一〇月、艦隊編制例（丙136。消滅明22勅100艦隊条例）を定めた[2]。艦隊は軍艦三艘以上で編成し、大中小の各艦隊に区分する。複数の艦隊で聯合艦隊を編制することがあるとした[3]。

明治三八年一二月、艦隊編制及任務（内787、改定明治41内237、廃止大3内103）により、艦隊の隊名、所管鎮守府、軍艦及び駆逐隊の所属、指揮官の数、任務を定めた。艦隊は第一、第二、南清艦隊、練習の四艦隊とする。第一艦隊は軍艦九隻等で編成し、本邦沿海並びに東亜露領沿海の巡航警備に任じる。第二艦隊は軍艦七隻等で編成し、韓国沿海並びに北清方面の巡航警備に任じる。南清艦隊は軍艦四隻で編成し、清国揚子江流域及び其以南の清国沿海並びに台湾沿海の巡航警備に任じる。練習艦隊は軍艦三隻で編成し、本邦沿海及び韓国並びに北清沿海を巡航する。

大正三年七月、艦隊平時編制（内103）により、隊号、艦船隻（隊）数、行動区域、指揮官の数を定めた。艦隊は第一、第二、第三、練習の四艦隊とし、聯合艦隊は必要に応じ第一、第二艦隊を合わせて編成するとした。第一艦隊は戦隊二個及び水雷戦隊二個（戦艦巡洋艦等一四隻及び八個駆逐隊）で編成し、本邦・支那・東亜露領沿海を行動区域とする。第二艦隊は戦隊二個及び水雷戦隊二個（戦艦巡洋艦等一四隻及び駆逐隊潜水艇隊等六個）で編成し、本邦・支那・東亜露領沿海を行動区域とする。第三艦隊は巡洋艦等八隻で編成し、揚子江流域及び膠州湾以南の支那沿海台湾並びに澎湖列島を行動区域とする。練習艦隊は巡洋艦四隻で編成し、その行動区域は必要に応じ特に定めるとした。尚、昭和八年四月、聯合艦隊を平時常置とした（内138）[4]。

二　戦時編制

戦時編制は戦時における艦隊、部隊、機関の各編制を纏めたものである。戦時編制は大本営所要海軍機関、戦列部隊（外戦部隊）、防備部隊（内戦部隊）、補給機関、その他の機関に区分される。戦列部隊は外洋外地における作戦任務のための編制であり、根拠地隊もこれに含まれる。防備部隊は本邦近海沿岸における作戦任務のための編制であり、鎮守府及び要港部の部隊がこれに該当する。また、その他の機関には官衙や学校等が含まれ、原則として平時編制に拠った。

昭和期の戦時編制には、例えば、昭和一二年一一月の帝国海軍戦時編制、一九年四月の大東亜戦争帝国海軍戦時編制、二〇年九月の帝国海軍編制がある。一九年八月の大東亜戦争帝国海軍戦時編制（大海幕機密608ノ81）は、大本営附属海軍諜報機関、聯合艦隊、聯合艦隊根拠地隊、支那方面艦隊、海上護衛総司令部部隊、鎮守府警備府部隊、補給部隊、特別機関（工作部、気象隊）の各編制を規定した。

三　編制規程（編制令）

明治四二年一〇月、艦内編制規程（内182、廃止大8内67）により、戦闘目的のため、艦内の各部、物件及び人員を区分編成した。大正八年三月の艦内編制令（内66、全改昭和12内168）によると、艦内編制は戦闘目的のための艦船の乗員及び物件の区分編組を云い、戦闘編制と常務編制に分かれる。

その他の編制規程には、例えば、防備隊編制令（昭5内145。参照大10内82）、海軍航空隊編制令（昭5内134。参照大13内204）がある。

四　海軍定員令等

明治二三年一〇月、軍艦団隊定員（勅235、明26勅222軍艦団隊定員表、廃止明29勅111）及び各定員職別表（明23達381厳島定員職別表等、明26達118、廃止明29達25）を定めた。二九年三月、海軍定員令（内1）により、海軍各部の定員事項を規定し、艦船団及び要港部の定員を表示した。各官廨の定員に関しては勅令の規定に譲った。三三年五月の改正（内48）により、各庁の定員も、原則として本令によることとし、勅令に定員規定があるものは当該勅令に譲った。三六年九月の改正（内98）により、戦時特設船舶部隊の定員を本令の規定外とした。[5] 大正二年三月の改正（内34）により、本令は、海軍の定員及び定員配置に関する事項を規定するとした。また、海軍各部の定員で本令によるものと勅令によるものを併せて「海軍定員」と称した。

戦時事変における海軍各部の定員の増減及び配置は、大正一〇年六月の戦時定員標準等（内245、廃止大14内295）や戦時定員規則（大14内295）に拠った。

丙　大本営

明治二七年六月の戦時大本営編制によると、大本営は武官部と文官部から構成され、文官部の人員は臨時に規定した。参謀総長は計画の参画、奏上及び命令の伝達に任じた。海軍軍令部長は海軍参謀上席将官に該当し、参謀総長を補佐し、また陸軍参謀上席将官（参謀次長に該当）と共に参謀総長の奏上に陪列した。陸軍大臣及び海軍大臣は参謀総長の奏上に陪列し、所要の補給準備を整理した。将校及び高等軍属の人事処理については、軍事内局を設けた。

明治三七年二月、戦時大本営編制を改正し、また戦時大本営勤務令を制定した（送丙172等）。従来の文官部を廃止したため、大本営が戦争指導機関となる可能性は否定された。参謀総長及び海軍軍令部長は計画の参画奏上及び命令の伝達に任じる。陸海軍共同作戦については両者が協議策定して奏上し、各軍個別の作戦は勅裁の後、相互に通牒する。陸軍大臣及び海軍大臣はその地位権限を強化され、大本営の議に列し、各総長の作戦計画奏上に陪し、軍政につき区処することになった。陸軍大臣は大本営にいわば単独で参加したが、海軍大臣は、大臣副官部及び軍事総監部を伴なった。尚、軍事内局は廃止された。

昭和八年四月、戦時大本営編制を改正し（海軍軍機515等）、海軍軍令部長の地位権限を強化した。即ち、従来、海軍大臣に隷属した海軍次官及び海軍省局長を、軍令部総長に隷属する大本営海軍戦備考査部に編入した。

昭和一二年一一月、大本営編制及び大本営勤務令を定め（海軍軍機621等）、教育総監部職員の大本営参加を認めた。

第二項　動　員

一　概　説

軍事組織（軍隊及び関係官衙）の任務は、平常時と戦時事変等の場合とでは、大きく変化する。従って、軍事組織は、戦時事変等に際し、必要に応じて、平時の態勢から戦時の態勢に移行する。この移行措置を陸軍では動員、(6)海軍では出師準備と称した。具体的には、平時の軍事組織に対して人員及び物資等を供給し、この組織を戦時の組織に改編することをいう。(7)

二　陸　軍

明治三〇年一〇月、陸軍動員計画令（送乙3521。同日施行）により、陸軍の動員及び動員計画の大綱を定めた。従来、動員の計画は年度毎の訓令により行ってきたが、(8)戦時編制（明30送乙3449）の制定に伴い、動員業務の方針を指示し動員業務を整理する条規が必要になったためである。

動員事項は秘密とし、本令及び戦時編制に依らない動員事項は、年度毎の陸軍動員計画訓令による（例えば、明30送乙3523明治三十一年度陸軍動員計画訓令）。同訓令は、参謀総長が陸軍大臣と協議のうえ允裁を得て陸軍大臣に移し、陸軍大臣はこれを内達する。尚、大本営の動員及び動員計画に関しては、別に定める所によった。

動員とは「帝國陸軍ヲ平時ノ姿勢ヨリ戰時ノ姿勢ニ移ス」ことをいう。具体的には、人員の配賦及び充用、兵器等物資の貯蔵及び支給等、馬匹の配賦等、そして徴発をさす。復員とは「動員シタル帝國陸軍ヲ平時ノ姿勢ニ復スル」ことをいう。動員及び動員計画は、陸軍大臣及び参謀総長が総監する。都督は軍司令部の動員を、東京防禦総督と当該団隊長及び司令官は常設各部団隊の動員を各々担任した（動員担任官）。常設各部隊は、その平時所在地で、特設部隊は当該動員担任官の平時所在地で編成する（編成地）。

動員は戦時事変に際し、勅命で行う。動員令は天皇が参謀総長に下し、参謀総長はこれを陸軍大臣に移す。陸軍大臣は、動員令を海軍大臣、逓信大臣、参謀総長、監軍、東京防禦総督、都督、師団長等に伝達する。緊急非常の事態により動員令を接受できない場合、戒厳宣告権を有する司令官は、独断で動員を実施できる。動員令を受けた師団長は直ちに、充員召集令（国民兵召集令）及び馬匹の「徴発令」を発し、動員に必要な他の業務を実施する。復員は勅命により行う。復員の下令及び伝達方法は、動員令と同様である。復員は、各部団隊長が実施する。

予後備役軍人、補充兵役者、第一国民兵役者のうち、勅任官、外国駐在中の外務省官吏、「陸海軍官廳ニ奉職シ戰時餘人ヲ以テ代フ可カラサル者」、鉄道及び洋式船舶の運転要員、召集事務を管掌する官公吏、市町村の助役及び収入役、帝国議会議員等は、動員計画上、各部団隊の要員とすることができなかった(9)。

三　海　軍

出師準備計画（昭和期）は戦時編制の実施における各部（艦船、部隊、官衙等）の整備事項を定めたものである。整備は人員及び軍需品等に関して行われる。

出師準備計画に関する主な規定は、出師準備規程及び年度出師準備計画である。出師準備規程は、計画の策定及び実施に関する規準事項（充員計画等）を定めた永久的な規定である。年度出師準備計画は、充員計画の実施につき当該年度における処置事項を定めた一時的な規定である。

四　大本営

明治三〇年一〇月、大本営動員計画令により、大本営の動員及び動員計画の大綱を規定した。大本営の動員及び動員計画は、参謀総長が担任する。大本営の編成地は東京とする。要員中陸海軍将官の人事に関しては、参謀総長が陸海軍大臣と協議して予定し允裁を請け、要員中参謀総長の平時所管外より充用する者の人事に関しては、参謀総長が陸海軍大臣及び逓信大臣に照会する。陸海軍大臣及び逓信大臣は、要員中その所管より充用する者を選定し参謀総長に移牒する。近衛師団長は衛兵等の準備を担任する。参謀総長は職員表等を調整し允裁を請けた。動員令は天皇が参謀総長に下し、参謀総長は陸海軍大臣及び逓信大臣に移す。各大臣は要員等を派遣する。復員に関しては、勅命で臨時に定めることとした。

註（1）陸軍定員令以前の編制規定には、例えば、砲兵工兵輜重兵編成表（明6陸68）、歩兵編隊表（明6陸300）、

歩兵一聯隊編成表（明7達17）、歩騎砲工輜重兵編成表（明7布459）、平時歩兵一聯隊編制表及び戦時歩兵一聯隊編制表（明20陸達10）がある。

（2）明治三年七月、小艦隊を編成した。四年一〇月、海軍規則（兵129。廃止明治6甲185）により、艦隊及び軍艦の区分を定めた。大艦隊は軍艦一二隻（指揮官は少将以上）、中艦隊（少将大佐）は八隻、小艦隊（大中佐）は四隻で編成される。軍艦は大艦（艦長は佐官）、中艦（少佐大尉）、小艦（大尉）に分かれる。六年八月の海軍概則並俸給表（甲171、改正明17丙139、廃止明19海省60）も同様の編制規定を設けた。

（3）聯合艦隊は、戦時事変演習等に際し、艦隊二個以上で臨時に編成される。明治二七年七月、聯合艦隊を組織した（官2019）。三八年六月、第一乃至第四艦隊を以て聯合艦隊を編制することとし（内325）、一一月、当分の間、明治三六年度海軍戦時編制に準拠して聯合艦隊を置いた（内654）。同年一二月、聯合艦隊の編制を解いた（内786）。

（4）その他の編制には、例えば、部団水雷艇隊編制（明29官352ノ4）、潜水隊編制（明38内39）、駆逐隊編制（明38内751）、掃海隊編制（大12内265）、海軍航空隊編制（大13内245）がある。

（5）特設艦船部隊の定員は、特設艦船部隊定員（大5内285、廃止大14内293）や特設艦船部隊定員令（大14内293）によった。

（6）動員の原語はフランス語の mobilisation である。陸軍では、明治二六年頃まで、戦時の態勢への移行を「出師準備」と称していた（例えば、明26送乙1921明治廿七年度出師準備訓令）。二六年四月頃、「出師準備」を「動員」と改称し、その反語として「復員」を使用する方針が決定された（明26密発32）。

（7）例えば、歩兵一個聯隊の兵卒定員は平時一六六四、戦時二四〇〇である（明29送乙651陸軍平時編制及び明32送丙56陸軍戦時編制）。

（8）例えば、明治二八年一一月制定の明治二十九年度動員計画訓令（送乙4140）。

（9）昭和期の動員に関しては、例えば、昭和一八年五月の陸軍動員計画令（軍陸甲46）参照。同令は、動員を動員・応急動員・臨時動員・臨時応急動員に区分し、動員類似の整備業務を編成と称して、これを臨時編成（甲）・臨時応急編成（甲）・臨時編成（乙）・警急編成に区分している。こうした複雑な用語法と区分は、動員業務の効率化に反する。

第七章　軍事負担

第一節　理論上の分類

軍事負担は、専ら軍事目的のため、国家が国民その他に課す負担のことである。軍事負担は、国民に関しては、その権利義務の制限変更を意味し、原則として、法律の規定を要した。

軍事負担は、公用負担の一種であり、人的負担と物的負担がある。人的負担は自由権に関する負担であり、兵役負担、労役負担、不作為義務負担（一定の作為の禁止）に分かれる。兵役負担は、対象者の生活全般を拘束する負担であり、労役負担と不作為義務負担を併せた内容となっている。物的負担は所有権に関する負担であり、制限負担（所有権の制限＝使用権の収用）と収用負担（所有権の収用）に分かれる。尚、軍事負担に関する法令は、兵役関係の法令を除き、一つの法令で数種の負担を規定しているのが普通である。

第二節　兵役負担

第一項　憲法上の兵役義務

明治二三年一一月、憲法を施行し、臣民に兵役義務[1]を課した。兵役義務は法律（議会の協賛を要する）で定める事項となったが、憲法第七六条により、従来の徴兵令（明22法1。議会開設前の法律）が法律としての効力を有した。

兵役義務は一般兵役義務（全国民からの徴兵、国民皆兵）及び在営服役義務（実際に入営して服役する義務）を想起させる。しかし、（1）実際の兵役義務は、一般兵役義務ではなく、負担（予定）者の族籍（皇族、外地人）、学歴、職業、資力など社会的経済的条件によって、負担の減免が行なわれた。（2）実際の兵役義務は、在営服役義務に限らない。徴兵令や兵役法は、国民皆兵の擬制を維持するため、実際には入営しない服役を認めた。これが、在郷服役義務である。従って、兵役義務は在営服役義務または在郷服役義務を指し、「国民は、入営して服役せよとの処分があれば、実際に入営して服役する義務があり、その処分があるまでは、入営のため待機する義務がある」という意味であった。

憲法施行以来、将校、軍生徒、候補生などの志願兵籍者（志願により兵籍に編入される者で、徴兵令に在営服役規定のない者）は、在郷服役者（第二国民兵）として、憲法上の兵役義務を負担していた。憲法上の兵役義務は法律に基づくが、志願兵籍者の在営服役は勅令に基づくからである（憲法第三二条により、陸海軍の法令で例外規定を設ければ、志願兵籍者の勅令による在営服役を、憲法上の兵役義務履行とすることができた。しかし、この種の規定は存在しなかった）。大正七年三月の徴兵令改正により、志願兵籍者の兵役は勅令に依る旨法律で明記したため、志願兵籍者の勅令による在営服役も法律そして憲法に基づく兵役義務の履行である、との解釈が可能になった。(2)

第二項　徴兵令及び兵役法

一　徴兵令

明治五年一一月、徴兵告諭（太布379）において、全国二〇歳以上の男子を兵籍に編入する旨宣言し、六年一月、徴兵令（太達無、全改明22法1、改題昭2法47）を定めた。四年七月の廃藩置県と相俟って、武士身分と兵士身分の結合を最終的に否定した。(3)尚、制定当初の徴兵令は、事実上、陸軍のみに適用され、海軍は志願兵制(4)に拠った。

徴兵令は、身体上の理由による者に加え、官吏、軍生徒、専門生徒、留学生、戸主、嗣子、独子独孫、養子、犯罪者の常備兵役を免じた。また代人料納入者の常備兵役と後備兵役を免じた。免役の目的は、官僚及び専門職を育成すること、旧来の家族制度を維持すること、兵役を公民の名誉義務とすること、また主要納税者（担税者とは限らない）たる資産家層の負担を軽減することにあった。

徴兵適齢は二〇歳、兵役年齢は一七歳から四〇歳までであり、常備軍の服役期間は三年である。男子は一七歳になると、国民軍に編入され、適齢に達した者は、徴兵検査と抽籤当籤を経て、常備軍服役者と欠員補充用の補充兵に分かれる。常備軍の服役者は実際に入営し、服役終了後は、順次、第一後備軍（二年）、第二後備軍（二年）に編入される。常備軍及び後備軍に服さない者は、国民軍に編入される。従って、常備軍に編入された者は、後備軍以降も召集され在営服役義務を負担する可能性が高いが、一度、国民軍に編入されれば、在郷服役で終始する可能性が高かった。徴兵に関し不正を為した者は新律綱領によって処罰された。戦時及び非常時においては、兵役期間を延長することができた。

徴兵令は三一年一月、北海道全域、沖縄県及び東京府小笠原島に、大正一三年八月、樺太に施行された（明30勅257・258、大13勅257・258）。

明治一二年一〇月の改正（太布46）により、海軍の徴兵に関しては別の規定による旨明記した。従来の後備軍に代えて予備軍（三年）と後備軍（四年）を設け、計七年の服役に延長した。兵役減免の種類を除役（終身免役）、免役（常予後備免役、平時免役）、徴集猶予（平時徴集猶予）に分けた。減免条項を詳密にして対象者を限定し、特に分家、入婿、絶家再興、養子、隠居などによる減免を制限した。一方、代人料制を平時免役者にも認め、納入者の常予後備軍を免じた。

一六年一二月の改正（太布46）により、徴兵令を海軍にも適用し、海軍の徴兵事務は陸軍が併せて担当した。兵役を、常備兵役（現役、予備役）、後備兵役、国民兵役に分け、予後備兵役を計九年に延長した。現役兵は実際に入営し、服役終了後は、順次、予備役（四年）と後備兵役（五年）に編入される。常備兵役及び後備兵役にない者が国民兵役に服した。兵役減免の種類は兵役免除、徴集猶予、復習点呼召集免除に分けた。兵役免除を身体上の理由によるものに限定し、他の理由による事実上の免除を「猶豫」などと呼び替えた。また代人料制を廃止して陸軍一年志願兵制を設けた。官公立学校を卒業し服役中の費用を自弁する者については、願により、現役を一年に短縮した。兵役忌避罪（重禁錮及び罰金）と年齢不届出罪（罰金）を明記し、これらの犯罪者は、抽籤によらず直ちに徴集した。

明治二二年一月の改正（法1）により、海軍の現役期間を四年に延長し、その予後備兵役を八年に短縮した。従来の兵役減免条項を大幅に削減し、減免の種類を免役（身体上の理由）、徴集延期（身体上の理由、犯罪者、貧困者）、徴集猶予（在学者、留学生）、簡閲点呼等召集免除（餘人ヲ以テ代フヘカラサル職務ヲ奉スル官吏、市町村長、開会中の議員）とした。(5) 陸軍一年志願兵制の対象を私立学校卒業者に広げ、また官公立師範学校卒業者の現役期間を六ヶ月に短縮することを認めた（陸軍六箇月現役兵制）。尚、同年一一月の改正（法29）により、官公立師範学校を卒業した官公立小学校教員の現役期間を六週間に短縮した（陸軍六週間現役兵制）。

二八年三月の改正（法15）により、陸軍の予備役を四年四ヶ月に延長し、また第一第二の補充兵役（陸軍計八年八ヶ月、海軍一年）を設け、現役兵員を超過した者を充てた。国民兵役を第一と第二に分け、第一には後備兵役及び第一補充兵役の終了者を、第二には他の兵役にない者を充てた。

三七年九月、日露戦争に際し、陸軍の後備兵役を一〇年に延長し、補充兵役を一二年四ヶ月に延長した（緊勅212・両院承諾、消滅昭2法47）。

大正七年三月の改正（法24）により、志願による兵籍編入者の服役は勅令の規定による旨明記した。官立学校師範学校卒業者及び中学卒業者で陸軍予後備役将校等を希望し現役中の費用を自弁する者は、志願により、現役期間を一年に短縮した（陸軍一年志願兵制）。師範学校卒業者の現役期間を一年とし（陸軍一年現役兵制）、学生の徴集猶予制を入営延期制に改めた。また海軍兵の徴集地域を沿海地方から全国に改めた。

二　兵役法

昭和二年四月、徴兵令に代えて兵役法（法47、廃止昭20勅634）を定め、兵員数の伸縮性を高めた。即ち、現役期間は陸海軍共に一年間短縮して二年・三年とし、その分、予備役を延長して五年四ヶ月・六年とし、また補充兵役を陸軍は計一二四年八ヶ月、海軍は計一二年四ヶ月に延長した。また現役兵の在営期間を条件に応じて短縮した。例えば、師範学校卒業者の現役期間を五ヶ月に短縮し（短期現役兵制）、青年訓練所の訓練修了者（昭10法22により、青年学校の課程修了者）の現役在営を最高六ヶ月間短縮した（青年学校修了者在営短縮制）。

戸籍法の適用を受ける男子は一七歳になると、第二国民兵役に服する。適齢に達した者は、徴兵検査を経て、現役に適する者（現役兵徴集者、補充兵徴集者）、現役に適さない者（不徴集者。第二国民兵役を継続）、兵役に適しない者（兵役免除者）等に分かれる。現役に適し体格の等しい者の徴集順序は、抽籤で定めた。現役兵徴集者は実際に兵員として服役する。第一国民兵役は後備兵役終了者、短期現役終了者などを編入し、第二国民兵役は他の各種兵役にない者を編入した。(6)

兵役減免の主な場合は、服役不能（犯罪者）、兵役免除（身体上の理由）、現役免除（家事故障者、身体上の理由）、徴集延期（犯罪者、家事故障者、在学者、在外者）、入営延期（身体上の理由、家事故障者、犯罪者）、召集免除（身体上の理由、家事故障者）、簡閲点呼免除（餘人ヲ以テ代フヘカラサル職ニ在ル官吏、市町村長、会期中の議員、在外者）であった。

以降、戦争事変の拡大長期化に伴い、青年学校修了者在営短縮制及び短期現役兵制の廃止（昭13法1及び昭14法1）、予後備兵役及び補充兵役の延長（昭14法1、16法2、17法16）、後備兵役の廃止（16法2）、在学者の徴集延期期間の短縮及び撤廃（昭16緊勅923及び昭18勅755）、兵役年齢の限度引き上げ（45歳。昭18法110）、徴兵適齢の引き下げ（19歳。昭18勅939）が行われた(7)。

昭和一八年三月、「朝鮮民事令中戸籍ニ關スル規定」の適用を受け徴兵適齢に達した者に、徴兵検査を行なうこととし（法4）、「朝鮮人」について兵役義務制を導入した。同年一〇月、服役及び徴集対象者を限定する文言「戸籍法又ハ朝鮮民事令中戸籍ニ關スル規定ノ適用ヲ受クル者」を削除し、適齢の臣民男子すべてに徴兵検査を行なうこととし（法110）、「台湾人」について兵役義務制を導入した。

第三項　義勇兵役法

昭和二〇年六月、義勇兵役法（法39、廃止昭20勅604）を定め、国民の兵役義務を拡大した。但し、法律の適用については、兵役法を優先し、残余の部分について本法を適用した。男子の兵役年齢を一五歳以上六〇歳以下に延長拡大し、また、初めて女子に兵役義務を課し、その兵役年齢を一七歳以上四〇歳以下とした。これ以外の者は、志願により義勇兵に採用し、犯罪者を義勇兵役から排除した。義勇兵は勅令の規定により召集し、国民義勇戦闘隊(8)に編入した。義勇召集を不正な手段で免れようとした者は懲役に処せられた。国民義勇戦闘隊員は、一定の制服を持たなかったが（勅386国民義勇戦闘隊員服装及給与令）、軍刑法の適用については、召集中の在郷軍人と見なされた（法40）。

註

（1）法律において、兵役は義務であると同時に、権利でもあった。刑法は「兵籍ニ入ルノ権」を「重罪ノ刑ニ處セラレタル者」に対する剥奪公権として掲げた（明13太布36。参照明41法29刑法施行法）。徴兵令及び兵役法は「罪科アル者」「重罪ノ刑ニ處セラレタル者」「六年ノ懲役又は禁錮以上ノ刑ニ處セラレタル者」が兵役に服することを禁じた（明6太達無、明16太布46、大7法24、昭2法47）。ここにいう、六年の懲役禁錮以上の刑は、明治一三年刑法の重罪の刑に相当した（明41法29刑法施行法）。

（2）大正七年三月の徴兵令第七条ノ二の含意は「現役志願兵及び一年志願兵を除く志願兵籍者の服役は法律ではなく勅令で定める」であるが、徴兵令自体が法律であるから、本条が勅令に対し服役規定を委任したと考え、「但し、この勅令は法律（徴兵令）の委任を受けているから、志願兵籍者の服役は法律（徴兵令）に基づく」と解釈する。

（3）明治三年一一月、徴兵規則（御沙汰）を定め、各道府藩県より、石高に応じて、士族か否かに拘わらず徴集した。徴兵適齢は二〇歳より三〇歳までとし、服役期間は四年であった。「一家ノ主人」や「一子ニシテ老父母アル者」などを免役とした。

（4）海軍の志願兵制については、海軍兵員徴募規則（明5乙117）、海軍志願兵徴募規則（明16太達38）、海軍志願兵条例（明32勅71）、海軍志願兵令（昭2勅334）参照。

（5）「餘人ヲ以テ代フヘカラサル職ニ在ル官吏」は、内閣の認可または内閣総理大臣の指定を受ければ、簡閲点呼等召集を免除された（明22閣6及び大8勅21、昭2勅330）。この官吏には、警部警部補巡査及び看守等が指定された（大8閣告2、昭2閣告6）。

（6）戸籍法の適用を受けない臣民（男子）には、皇族、王公族、朝鮮人、台湾人等がある。このうち、皇族・王公族以外に関しては、陸軍特別志願兵令（昭13勅95。朝鮮人に適用。昭17勅107により、台湾人にも適用）及び海軍特別志願兵令（昭18勅608。朝鮮人・台湾人に適用）による志願兵制があった。

（7）支那事変において、兵役義務なき者を兵役義務ある者と誤認して召集する事態が生じた。これを彌縫すべく、これらの者を後備（兵）役または補充兵役にある者と看做すこととした（昭13法30及び勅231）。

（8）国民義勇戦闘隊統率令（昭20軍陸2）参照。

第三節　兵役関係

第一項　概　説

兵役関係という用語は、兵役法施行令第一章の章題となっており、法令上の用語である。兵役関係は、国民が、兵役義務の履行（兵役義務に基づく服役。義務服役という）に関して、義務賦課者たる国家との間で有する法的関係を意味すべきである。しかし、兵役法施行令は、そうした定義を採用しておらず、また他の如何なる定義も与えていない。従って、本節では、兵役法施行令第一章の規定内容に鑑み、兵役関係を兵役義務の履行と解することにする。兵役関係を定めた法令の変遷は多岐に亙るため、昭和二年一二月の兵役法施行時の関連法令（兵役法、兵役法施行令、海軍志願兵令、陸軍武官服役令、陸軍将校分限令、海軍武官服役令等）により、兵役関係の概略について述べる。

臣民は、兵役義務に基づいて服役する者（義務服役者）と志願に基づいて服役する者（志願服役者）に分かれる。但し、制度上、義務服役を兼ねる志願服役、即ち、疑似的な志願服役が認められていた。疑似的な志願服役には、当該服役が（1）事前より義務服役を目的とするもの（例：旧制における陸軍一年志願兵制）と（2）結果として義務服役となるもの（例：武官就任のための志願）がある。

制度上、疑似的な志願服役が存在し、また義務服役者の中には兵籍に編入されていない者（第二国民兵役者）があるから、義務服役者と志願服役者、あるいは義務兵籍者と志願兵籍者という二分法により、兵役関係を説明することは困難である。そこで、兵役法第三条が、志願に依り兵籍に編入される者（志願兵籍者）の存在を確認していることから、臣民を義務服役者（志願兵籍者を除く）と志願兵籍者に分け、前者を一般義務服役者と称することにする。一般義務服役者は、（イ）臣民という基本的な資格のみに基づき、（ロ）兵役義務の履行だけのために、（ハ）兵卒[1]として、服役する者を意味する。

第二項　一般義務服役者

一　開始

達齢　戸籍法の適用を受ける臣民男子は、年齢一七年に達した場合、第二国民兵役に服する。

徴集（志願兵籍者からの転役）　志願兵籍者で服役期間二年未満で除籍された者は、徴兵検査で現役に適すると判定された場合、現役または補充兵役に服することがある。

復帰（志願兵籍者からの転役）　武官または陸海軍学生生徒を免ぜられ旧の兵卒（一般義務服役者）に復した者は、旧の服役を継続する。

二　変　更

徴集(2)　徴兵適齢（年齢二〇年）に達した臣民男子は、徴兵検査で現役に適すると判定された場合、現役または補充兵役に服する。短期現役兵たる資格を有する者が、徴兵検査で現役に適すると判定された場合、現役に服する。短期現役兵で現役中に小学校の教職資格を失った者等は、徴兵検査で現役に適すると判定された場合、現役または補充兵役に服することがある。

満期　現役を終えた者は予備役に服する。現役を終えた短期現役兵は第一国民兵役に服する。常備兵役（現役及び予備役）を終えた者は後備兵役に服する。後備兵役を終えた者及び軍隊で教育を受けた補充兵で補充兵役を終えた者は、第一国民兵役に服する。補充兵役を終えた者（軍隊で教育を受けた補充兵を除く）及び常備兵役・後備兵役・補充兵役・第一国民兵役にない者は、第二国民兵役に服する。

生計困難　現役兵は、本人在営のため家族が生活不能（困難）となった場合、第二補充兵役に転じる。

疾病等　疾病等により当該兵役に堪えない者は、予備役・補充兵役・第一国民兵役に転じる。

三　終了

達齢　年齢四〇年に達した者は、服役を終了する。

疾病等　徴兵適齢に達した臣民男子は、徴兵検査により兵役不適と判定された場合、または徴兵検査前から兵役に適しない疾病等がある場合、兵役を免除される。疾病等により兵役に堪えない者は兵役を免除される。

志願兵籍者への転籍　兵卒（一般義務服役者）で武官または陸軍諸生徒海軍学生生徒の兵籍に編入された者は、兵卒の身分及び服役を免ぜられる。徴集された海軍兵で海軍志願兵令の定める兵籍に編入された者は、海軍兵の服役を免ぜられる。

第三項　志願兵籍者

志願兵籍者の兵役関係には、理論上、不明の点が多い。兵役法及び関係勅令（兵役法施行令及び陸軍武官服役令等）は、志願兵籍者における志願服役と義務服役の対応関係を部分的にしか規定しておらず、志願兵籍者の各服役（現役・予備役・後備（兵）役）が、いかなる範囲で義務服役となるのかは判然としない。

一　概　則

（イ）　志願に依り兵籍に編入される者（志願兵籍者）の兵役に関しては、勅令の定める所に依る（兵役法第3条）。義務服役者の兵役と違い、志願兵籍者の兵役については、法律の規定は不要である。しかし、兵役法第三条は、志願兵籍者の兵役に言及し、この兵役が勅令の規定に依る旨明記した。兵役法第三条は志願服役に義務服役の性格を付与するための規定であり、実際、志願兵籍者の服役も部分的には義務服役であるとの解釈が行われた(3)。

（ロ）　志願兵籍者は、現役・隊附・練習乗組・召集の期間が通算二年に達すると、除籍されても徴兵検査を受けない。通算二年未満のため徴兵検査を受ける場合でも当該期間は後続の徴集兵としての現役期間と通算する（兵役法第六六条）。即ち、当該期間が通算二年に達した者は徴集されない。ここにいう二年は一般義務服役者（陸軍）の現役期間に等しいから、当該期間は一般義務服役者の現役に相当すると考えることができる(4)。

二　武官及び武官候補者（兵役法施行令第一章第一款）

（ハ）　武官及び海軍各科少尉候補生の兵役に関しては、本令第一章第一款(5)（第一条〜第六条）に規定する外、「別ニ定ムル所」に依る（第一条）。「別ニ定ムル所」とは、陸軍武官服役令、海軍武官服役令、海軍武官任用令等である。しかし、これらの法令は、武官のうち将校士官に関し、その「服役」を規定し、「兵役」の表現を避けている。同じ武官でも下士下士官に関しては、服役の他、兵役免除及び第一国民兵役を規定している。年齢四〇年未満で後備役を終えた下士下士官は第一国民兵役に服する。武官の服役に第一国民兵役は含まれないから、この下士下士官は、第一国民兵役に服する段階で、志願兵籍者から一般義務服役者に転じたと考えることができる。

（ニ）武官または武官候補者で徴兵検査を受ける前から志願に依り兵籍に編入されている者は、在籍中は徴兵検査を受けない。また、現役・隊附・練習乗組・召集の期間が通算二年に達すると、徴兵終決処分を経たと見做される（第五条。参照兵役法第六六条）。(6)

（ホ）武官候補者は、疾病等に因り兵役に堪えない場合、兵役を免除される（第四条）。

（ヘ）武官となるべき陸軍諸生徒または海軍学生生徒の兵役上の身分取扱は、現役に準じる（第二条）。

（ト）幹部候補生の兵役上の身分取扱は、陸軍補充令に規定する修業期間（一〇ヶ月または一年）は現役とし、その後、任官までの期間は予備役とする（第三条）。

三　志願兵卒及び志願兵卒候補者（同令第一章第二款）

（チ）年齢一七年以上徴兵適齢未満で現役兵を志願し採用された者（第七条。普通志願兵という）の兵役は、兵役法に依り徴集された現役兵の兵役に同じである（第九条）。

（リ）海軍志願兵令(7)に依り採用された者（海軍志願兵）の兵役は、同令に依る（第一〇条）。本条は、海軍志願兵の兵役を兵役法施行令において確認したという意義を有する。海軍志願兵は、年齢四〇年を服役の終期とし、年齢四〇年未満で後備兵役を終えた者は、第一国民兵役に服する。海軍志願兵の兵役に第一国民兵役は含まれないから、この者は、第一国民兵役に服する段階で、志願兵籍者から一般義務服役者に転じたと考えることができる。

（ヌ）　志願兵卒で本令に規定しない者の兵役は、別に定める（第一〇条）。本条は、当該兵役を兵役法施行令において認めたという意義を有する。志願兵卒で本令に規定しない者には、例えば、陸軍補充令第六八条により現役に服する兵卒（航空兵科現役下士候補者）がある。

（ル）　憲兵上等兵及び楽手補の服する兵役は現役・予備役・後備兵役とし、年齢四〇年未満で後備兵役を終えた者は第一国民兵役に服する（第一一条）。憲兵上等兵及び楽手補の兵役に第一国民兵役は含まれないから、これらの者は、第一国民兵役に服する段階で、志願兵籍者から一般義務服役者に転じたと考えることができる。

（ヲ）　兵卒で武官・陸軍諸生徒・海軍学生生徒の兵籍に編入された者は、兵卒の身分及び服役を免ぜられる（第一四条）。これらの者が、武官・陸軍諸生徒・海軍学生生徒の身分を免ぜられた場合（現役免除及び兵役免除の場合を除く）、旧の兵卒に復し、兵役法の兵役区分により、前の服役を継続する。下士下士官で刑罰または懲罰の処分により兵卒に降等された者も、兵役法の兵役区分により、服役する（第一五条）。

（ワ）　徴集された海軍兵または普通志願兵（海軍）で海軍志願兵令の兵籍に編入された者は、その服役を免ぜられ、海軍志願兵令により服役する（第一六条）。

（カ）　憲兵上等兵及び楽手補、兵卒に復した者、兵卒に降等された者は、年齢四〇年まで服役し、また生計困難による現役免除や疾病等による現役・兵役の免除を受けることがある（第一八条）。

（ヨ）　年齢四〇年を過ぎ志願に依り国民軍に編入された兵卒は、当該期間、第一国民兵役に在る者と看做す（第一九条）[8]。

（タ）　兵卒候補者として兵籍に編入された諸生徒の兵役上の身分取扱は、現役に準じる。疾病等に因り兵役に堪えない場合、兵役を免除される。徴兵検査を受ける前から志願に依り兵籍に編入されている者は、在籍中は徴兵検査を受けない。また、現役・隊附・練習乗組・召集の期間が通算二年に達すると、徴兵終決処分を経たと見做される。戦時事変に際して、現役の実役に就くことがある（第二〇条）。ここにいう、兵卒候補者とは、陸軍戸山学校軍楽生徒のことである（昭2陸普5751）。

註（1）兵卒（志願兵卒を含む）は、階級上、判任官（下士官）よりも低い地位にあり、また、官吏ではない。

（2）徴集とは、第二国民兵役等にある者を現役または補充兵役に強制編入する措置をいう。この措置は陸軍大臣及び内務大臣等による行政上の処分である。本来的な意味での徴集は、兵役にない臣民に兵役を初めて課し、服役させるためこれを強制的に召喚することを指すべきであるが、兵役法の規定では、既に一定の兵役（第二国民兵役等）に服する者を別の兵役（現役または補充兵役）に転じさせることを意味する。従って、徴集は徴兵検査のための強制召喚を伴うが、入営のための強制召喚を必ずしも伴うものではない。

（3）このことは、遡って、大正七年改正の徴兵令第七条ノ二についても当てはまる。

（4）同様のことが兵役法制定以前の志願服役についても当てはまる。明治二一年七月、志願兵が現役中に傷痍疾病等により三年未満で当該兵役を免じられ、予後備兵役に編入されない者には、原則として、徴兵検査を行うとした（陸訓甲6、廃止明27陸訓甲2）。明治二七年二月、徴兵事務条例による徴兵終決処分を受けない者が①志願によって現役軍人となり服役三年未満で傷痍疾病等で現役を免じられ兵役に関する処分を受けていない場合、または②諸生徒学生として常備兵籍に編入されて傷痍疾病等で生徒学生を免じられ兵役に関する処分を受けていない場合、これらの者に対して徴兵検査を行うとした（陸訓甲2、参照大8勅425徴兵事務条例改正）。ここにいう三年は一般義務服役者（陸軍）の現役期間に等しいから、この三年は一般義務服役者の現役に相当すると考えることができる。

（5）武官は志願兵籍者に属するが、陸軍武官服役令第四〇条は、志願に依らず強制的に任ぜられる武官（下士）を認めている（陸軍補充令第九七条等参照）。

（6）徴兵終決処分とは、徴兵適齢（年齢二〇年）に達した臣民男子の兵役関係を決定する処分をいう。即ち、徴兵検査の結果により、臣民男子の徴集または不徴集を最終的に決定実施する処分（徴集、徴集免除及び兵役免除の各処分）を指す。

（7）陸軍志願兵令（昭15勅291）は、陸軍の一般的な志願兵制を定めたものではなく、熊谷陸軍飛行学校生徒等を兵とすることを主な目的とした。

（8）元下士で志願に依り国民軍に編入された者は、当該期間、第一国民兵役に在る者と看做された（陸軍補充令第31条）。

第四節　その他の負担

第一項　徴発令による徴発

徴発は、軍が、軍の行動に際し、必要な資源、例えば物品、施設、土地、労力を人民から強制的に取得する措置であり[1]、資源の調達が通常の方法では不可能な場合に行われる。明治一五年八月、徴発令（明15太布43、廃止昭20勅604）を定めた。徴発令は二三年一一月の憲法施行により法律相当の法令となった。

徴発令による徴発は、戦時事変のほか、平時の演習・行軍の場合にも行われる。徴発の対象は、人夫職工の労力、食糧、飲料水、燃料、馬、車両、宿舎、倉庫、船舶、汽車、土地物件の使用権または所有権である。徴発者は軍官憲、即ち陸軍卿及び海軍卿（陸軍大臣及び海軍大臣）と主要司令官等であり、これら徴発者が、徴発対象の属する地方団体の長または船舶・鉄道会社の店長等に徴発書を発する。この地方団体または会社を徴発区という。徴発対象が一般人民またはその所有物である場合、地方団体の長が徴発を行う。

徴発に伴う損失は補償を要する。これを「賠償」という。補償の請求は地方団体の長または船舶・鉄道会社の店長等が行う。補償の内容は確定的のものであり、これに対して訴訟を起こすことはできない　徴発を拒否忌避した者や徴発処置を怠った長・店長等、そして徴発書の濫発した官憲または違法な徴発書を発した官憲は、禁錮に処せられた。

註（1）非常徴発令（大12緊勅396・両院承諾、廃止大13法7）による非常徴発は、関東大震災の被害者救済のための措置であり、内務大臣の権限に属するから、軍事目的の徴発とは異なる。

第二項　要塞地帯及び防空における負担

一　要塞地帯

明治三二年七月、要塞地帯法（法105、廃止昭20勅576）により、要塞地帯における軍事負担を定めた。但し、要塞地帯法は軍港規則及び要港規則の効力を妨げなかった。

要塞地帯は、国防のため建設された防御営造物の周囲の区域であり、陸軍大臣が指定する。要塞司令官の許可なければ、地帯内の測量及び撮影、漁猟、艦船の繋泊、土砂の掘鑿、家屋倉庫等不燃建築物の変更及び新設、土地の形状変更等を行うことができない。また陸軍大臣の許可がなければ、運河道路橋梁鉄道を新設し変更することができない。違反者は重禁錮または罰金に処せられた。

二　防　空

昭和一二年四月、防空法（法47、廃止昭21法2）を定めた。防空は、軍の防衛に応じた軍以外の燈火管制、消防、避難、救護等の活動であり、防空における負担は、主務大臣（内務大臣、陸軍大臣、海軍大臣）、地方長官が勅令の規定により課すもので、設備資材の供用、防空への従事、燈火管制時の光の秘匿、土地家屋物件等の使用及び収用等がある。防空に関しては、療養費用等を支給し、損失を補償した。違反者は懲役、罰金、拘留、科料に処せられた。一六年一一月、新たな防空負担として、木造建築物の防火改修、建築の制限・禁止、建築物の除却、物件の移転、音響設備等の使用禁止・制限、居住者の退去禁止・制限、人物件の移動禁止・制限、応急防火義務を加えた（法91）。

第三項　軍港要港及び防禦海面における負担

明治二三年一月、軍港要港境域内の人民及び出入船舶は、海軍大臣の定める軍港要港規則に従うこととし（法2、廃止昭20勅576）、横須賀海軍港規則（明19海省105）、呉軍港規則（明23海省11）、そして軍港要港規則（明33海省7）等により、船舶の進入碇泊や建造物の工事等を制限した。この規則に違反した者は重禁固または罰金に処せられた（明23法83）。

明治三七年一月、防禦海面令（緊勅11・両院承諾、廃止昭20勅576）を定めた。防禦海面は、戦時事変に際し、海軍大臣、鎮守府司令長官、要港部司令官によって指定される区域である。防禦海面では、一般船舶の航行を禁止または制限し、必要により漁猟等を禁止または制限する。違反船舶には退去を命じることができ、違反者は重禁固または罰金に処せられた。

第四項　動　員

軍事負担に関する動員とは、戦時事変に際し、国民の軍事負担（兵役負担を除く）を強化する措置をいう。但し、政府は動員による損害を補償した。

一　軍需工業動員

大正七年四月、軍需工業動員法（法38、廃止昭13法55）を定め、軍需品に関する動員制度を整備した。戦時に際し、政府は、軍需品の生産等のため、工場・土地家屋・倉庫等を管理・使用・収用でき、従業者の供用を命じることができる。但し、政府はこれら処分による損害を補償する。政府は軍需品の譲渡・消費・移動等に関し必要な命令を出すことができる。政府は、勅令の規定により、国民を召集徴用し、関係業務に従事させることができる。本法違反者は、懲役または罰金に処せられた。尚、本法の処分に関する訴願及び訴訟に関する規定は設けられなかった。尚、昭和一二年九月、本法の戦時に関する規定を支那事変に適用した（法88）。

二　国家総動員

昭和一三年四月、国家総動員法（昭13法55、廃止昭20法44）を定め、産業経済全般の動員制度を設けた。国民の権利制限に関する広範な事項が勅令に委任された。

国家総動員とは、戦時事変に際し、国防目的達成のため、「國ノ全力ヲ最モ有効ニ發揮セシムル」べく、政府が人的及び物的資源を統制・運用することをいう。平時には、総動員のための準備的措置（人員人材登録、技能者養成、計画、調査）が行われた。総動員の対象は、総動員物資、即ち軍用、輸送用、通信用、土木建築用、燃料電力等の物資と総動員業務、即ち物資生産、運輸通信、金融、教育訓練、衛生救護、情報等の業務である。政府は、勅令の規定により、次の権限を認められた。（1）兵役法の適用を妨げない範囲で、国民を徴用すること、（2）臣民及び法人団体を総動員業務に協力させること、（3）労務事項（雇用、労働条件）を統制すること、（4）労働争議を予防し解決すること、（5）物資の生産・消費・貿易を統制すること、（6）物資・施設・鉱業権・水利権等を管理・使用・収用すること、（7）価格を統制すること、（8）会社の設立・増資・資金運用を統制すること、（9）事業統制組合を設立させること、（10）新聞紙等の出版物を統制すること。

政府は、本法の処分命令等による損失を補償し、または補助金を交付する。本法違反者は、懲役、罰金、拘留、科料に処せられた。尚、本法の処分に関する訴願及び訴訟に関する規定は設けられなかった。

第五項　軍事特別措置

昭和二〇年三月、軍事特別措置法（法30、五月施行勅254、廃止昭20勅604）を定め、本土内地の戦場化に備え、国内における築城・設営等の作業をすすめた。そのため、政府は、勅令の規定により、次の措置を行うことができた。（1）土地建物等の管理・使用・収用、（2）工作物等の除却（除却の制限・禁止も）、（3）住居・移転・移動の制限・禁止、（4）所要業務への従事命令。本法違反者は懲役、罰金に処せられた。これらの措置は、陸海軍大臣や軍管区司令官、鎮守府司令長官、警備府司令長官など「軍官憲」によって実施された（勅255軍事特別措置法施行令）。

第六項　戦時緊急措置

昭和二〇年六月、戦時緊急措置法（法38、廃止昭20法44）を定め、政府は、他の法令の規定に拘わらず、次の命令処分を行うことができた。軍需生産の維持増強、生活必需物資の確保、運輸通信の維持増強、防衛の強化と秩序の維持、税制の適正化、戦災の善後処置。本法の命令処分による損失は補償する。本法違反者は、懲役、罰金に処せられた。

第八章　軍事勤務

軍事勤務は、軍隊行動勤務とその他の軍事勤務に分かれる。軍隊行動勤務は兵力の移動及び行使に直接関与する勤務で、軍人に課せられる。その他の軍事勤務は、軍人及び軍属等に課せられる。軍事勤務の内容は多岐に亙るため、ここでは、軍事勤務の基本原則について述べる。

第一節　軍人及び軍属の範囲

封建的身分制を脱した近代の立憲国家においては、軍関係者（軍人及び軍属）は、一般国民から充当される。立憲国家は、軍人及び軍属の勤務を確保するため、軍人及び軍属を一般国民と異なる法的関係に置いた。わが国では、憲法第三二条により、軍人の権利義務が一般臣民の権利義務と相違する場合が認められ、また軍属の権利義務は軍人の権利義務に準ずる場合があった。従って、軍人及び軍属の範囲を定めることが重要である。

第一項　軍　人

一　軍刑法

明治一四年の陸軍刑法及び海軍刑法によると、軍人とは、将官同等官・上長官・士官・下士諸卒のことを指す。将校同等の軍人は将校と同視された。尚、予後備役の陸軍軍人（召集中の者を除く）及び退職罷役の海軍将校准将校（明15太達34海軍将校准将校免黜条例）は、原則として、軍刑法上の軍人に含まれなかった。

明治四一年の陸軍刑法及び海軍刑法によると、陸軍軍人とは、①陸軍の現役にある者（未入営者及び帰休兵を除く）、②召集中の在郷軍人、③召集によらず部隊で陸軍軍人の勤務に服する在郷軍人、④陸軍の制服着用中または現に服役上の義務履行中の在郷軍人（②③を除く）、⑤志願により国民軍隊に編入され服務中の者、である。準陸軍軍人には、陸軍所属の学生及び生徒、陸軍軍属、陸軍の勤務に服する海軍軍人がある。尚、在郷軍人とは、陸軍の現役以外の役にある者、陸軍の現役未入営者、陸軍の帰休兵、退役陸軍将校同相当官、准士官をいう。

海軍軍人とは、海軍の高等武官、候補生、准士官、下士卒で、①海軍の現役にある者（召集中でない帰休兵を除く）、②予後備役で召集中の者、③海軍制服着用中の者（①②を除く）をいう。準海軍軍人として、海軍所属の学生及び生徒、海軍軍属、海軍の勤務に服する陸軍軍人がある。

二　軍懲罰法規

明治四一年の陸軍懲罰令において、陸軍軍人の範囲を間接的に示した。陸軍軍人とは、陸軍の現役にある者（未入営者及び帰休兵を除く）、召集中の在郷軍人、召集によらず部隊で陸軍軍人の勤務に服する在郷軍人、志願により国民軍隊に編入され服務中の者、陸軍所属の学生及び生徒（各部依託学生生徒を除く）、現に服役上の義務履行中または陸軍軍人の身分を表彰する服装の在郷軍人、である。

明治四一年の海軍懲罰令において、海軍軍人の定義を設けた。海軍軍人とは、海軍の高等武官、候補生、准士官、下士卒で、海軍の現役にある者（召集中でない帰休兵を除く）及び予後備役で召集中の者をいう。昭和一九年一月の改正（勅57）によると、海軍軍人とは、海軍の武官及び兵で現役にある者（未入営者と召集中でない帰休下士官・兵を除く）または現役以外の兵役にあり召集中の者等、候補生及び見習尉官をいう。

三　兵　籍

兵籍とは、軍人たる身分またはこの身分を登録する文書をいう。従って、兵籍への編入は、軍人たる身分の取得または兵籍文書への登録を意味する。文書としての兵籍には、陸軍の兵籍、海軍の履歴書及び履歴表がある。

甲　陸軍

明治七年九月、陸軍名簿定則（布442、廃止明21陸達238）により、将校及び下士官兵卒を陸軍名簿に編入した。

明治二一年一二月、陸軍兵籍規則（陸達238、全改明30陸省14、全改明34陸省14等）により、兵籍編入者を「陸軍軍人」と見做した。将校同相当官及び准士官は新たに任官した際に、下士兵卒等及び諸生徒は入隊または入校の際に、兵籍に編入した。三〇年五月、兵籍編入者を「陸軍軍人」と「補充兵」に区別した。士官候補生等は入隊または入校の際に兵籍に編入した（陸省14）。三四年一〇月、「補充兵」を「陸軍軍人」に含めた（陸省14）。

明治三七年二月、陸軍兵籍規則（陸省6）により、兵籍の定義規定を削除し、兵籍において、陸軍軍人の範囲を明示することを止めた。また免官、免役若しくは退役となった者、後備役若しくは補充兵役を終わった者、死亡した者の兵籍は、原則として、兵籍簿より「除去」することとした。

昭和二年四月の陸軍兵籍規則（陸省10）によると、現役軍人、現役見習士官等、士官候補生、陸軍諸学校の学生生徒、教育召集中の補充兵、各部依託学生、同依託生徒ほかを兵籍に編入した。兵籍は、始めて入隊、入校または採用の時に調製する。

昭和一七年七月、国民兵の一部を兵籍に編入し（陸省39）、一八年二月、補充兵役及び第二国民兵役にある者の兵籍は、陸軍防衛召集規則により防衛召集待命者に選定された時に調製するとした（陸省5）。

乙　海軍

〈准士官以上〉明治九年一〇月、准士官以上の武官に履歴書の提出を命じた（丙39）。二一年一二月、高等武官に関しては初めて任官する時に、候補生に関しては候補生を命ぜられた時に、履歴書を作成することとした（達168、明28達115海軍軍人軍属身上報告例、明31達96海軍准士官以上履歴書及身上取扱規則等）。

〈下士兵〉明治七年一二月、下士以下に手帳記入を指示し（記三套104）、一七年七月、下士以下の手帳を廃止し、履歴表を調製した（丙114）。二二年三月、下士卒に関しては初めて入籍する時に、履歴表を作成することとした（達59海軍下士以下履歴表等）。

四　恩給法（大12法48）

軍人とは、陸海軍の現役、予後備役または補充兵役にある者、国民兵役にあって召集された者及び志願により国民軍に編入された者をいう。また、準軍人とは、陸軍の見習士官及び海軍の候補生、勅令で指定された陸海軍の学生生徒（大12勅367恩給法施行令により、陸軍士官学校、陸軍幼年学校、海軍兵学校等の生徒、陸軍の士官候補生等）をいう。

第二項　軍　属

一　軍刑法

明治一四年、陸軍刑法及び海軍刑法により、軍属の範囲を示した。陸軍軍属は、陸軍出仕の文官その他宣誓若しくは読法の式により陸軍に従事する者をいう。海軍軍属は、海軍出仕の文官その他海軍に従事する者をいう。陸海軍軍属及び陸海軍所属の生徒は、各々陸海軍軍人と同視された。

明治四一年の陸軍刑法及び海軍刑法によると、陸軍軍属とは、陸軍文官、同待遇者、宣誓して陸軍の勤務に服する者（予備文官及び退職文官を除く）をいう。海軍軍属とは、海軍文官、同待遇者、宣誓して海軍の勤務に服する者をいう。陸軍軍属は準陸軍軍人とされ、海軍軍属は準海軍軍人とされた。

二　軍懲罰法規

明治四一年の海軍懲罰令において、海軍軍属の定義を設けた。海軍軍属とは、海軍文官、同待遇者、宣誓して海軍の勤務に服する者をいう。尚、陸軍懲罰令は軍属の範囲を示していない。

第二節　軍事勤務関係

軍事勤務関係とは、個人が行政上の処分（徴集任命補職等）[1]または契約に基づいて軍事勤務義務を課せられる場合、勤務請求権者との間で有する法的関係をいう。軍事勤務関係は法令上の用語ではない。軍事勤務関係は、勤務義務者[2]の勤務請求権者に対する服従関係、即ち、勤務義務者が、勤務請求権者の定める法令規則を遵守しその指揮命令に服従するという関係を基本とする。本節では、昭和二年一二月の兵役法施行時の関連法令に基づき、軍人における軍事勤務関係の概略について述べる。

一　開　始

現役編入　現役武官に任ぜられた者（待命休職停職帰休中の者を除く）及び現役兵として入営または入団した者は、軍事勤務に服する。

召集[3]〈陸軍〉召集された在郷軍人（待命休職停職[4]予備役後備役の将校同相当官准士官、予備役後備役の下士（予備役にある幹部候補生を含む）及び兵卒、帰休兵、補充兵）及び国民兵は、軍事勤務（演習及び教育を含む）に服する。

〈海軍〉召集された在郷軍人（予備役後備役の士官特務士官准士官及び下士官兵、帰休中の下士官兵）は、軍事勤務（演習を含む）に服する。

志願による国民軍編入　退役の陸軍将校同相当官准士官及び元陸軍下士上等兵で国民兵役(5)にない者は、志願により、国民軍に編入されることがある（明37勅233。編入された者を国民軍志願編入者という）。

二　終　了

現役離役　現役軍人で軍事勤務に服している者は、転役または免役、失官または免官により、その服務を終える。

召集解除　召集された在郷軍人または国民兵は、召集解除により、その服務を終える。

除隊　国民軍志願編入者は、除隊により、その服務を終える。

註（1）行政上の処分には、法律の強制による場合と個人の自由意志を前提とする場合がある。

（2）勤務義務者がその地位を保持しながら、一時的に、具体的な職務を有しない場合（待命、休職、停職、帰休等）がある。こうした場合、勤務のために待機する義務が存在する。

（3）陸軍召集規則及び海軍召集規則は、次のような召集区分を採用している。

〈陸軍〉充員召集、臨時召集、国民兵召集、演習召集（臨時演習召集を含む）、教育召集、補欠召集、簡閲点呼。

〈海軍〉充員召集、演習召集、補欠召集、簡閲点呼。

簡閲点呼は、在郷軍人（予備役後備役の下士下士官兵、陸軍の第一補充兵）に対する点検査閲教導であって、他の召集と違い、軍隊行動勤務を伴わない。尚、昭和一二年一月、陸軍軍法会議の判士に充てるため、予後備役の陸軍将官を召集することを認めた（勅8）。

（4）陸軍では、待命休職停職中の現役将校同相当官准士官も召集の対象であるから、待命休職停職は勤務関係の一時停止である。

（5）退役の陸軍将校同相当官准士官で国民兵役にない者には、例えば、傷痍疾病のため退役となった年齢四〇年以上の者がある。

第三節　軍人軍属における法的関係

第一項　概　説

軍人軍属は、軍事勤務関係の維持を目的として、一般臣民と異なる法的関係に置かれる。即ち、軍人軍属の権利義務、法律行為、訴訟手続等は、制限変更される。

臣民の権利義務を制限変更するには、原則として、法律の規定を必要としたが、臣民のうち軍人の権利義務は、憲法第三二条に基づき、陸海軍の法令や紀律によっても制限変更することができた。尚、第三二条は軍人に関する条項であるから、軍属の権利義務を制限変更するに際して、同条を根拠とすることはできない。

第二項　憲法上の権利

一　任官及び公務就任（憲法第一九条）

（イ）現役将校は、原則として、文官になることができなかった。文官に任ぜられると、休職または予備役編入となった（明21勅91陸海軍将校分限令等）。

（ロ）現役軍人及び戦時事変に際し召集中の軍人は、衆議院議員の選挙権[1]及び被選挙権[2]を持たなかった（明22法3衆議院議員選挙法、明33法73）。現役将校は、貴族院の被選有爵議員となった場合、予備役に編入された（明22勅125陸海軍将校分限令改正[3]）。

（ハ）現役軍人及び戦時事変に際し召集中の軍人は、市町村及び都の公務に参与できなかった（明21法1市制町村制、明44法68市制、明44法69町村制、昭18法89東京都制）。また府県道会議員及び郡会議員の選挙権及び被選挙権を持たなかった（明15太布10府県会規則改正、明23法35府県制、明32法64、大15法6。明34法2北海道会法。明23法36郡制、明32法65）。

（ニ）現役軍人は陪審員となることができなかった（大12法50陪審法）。

二　居住移転の自由（憲法第二二条）

陸軍の現役軍人は、原則として、衛戍地内の居住を義務づけられた（明43軍陸3衛戍勤務令）。海軍の陸上勤務者は、原則として、勤務先所在の市町村または隣接市町村に居住することを義務づけられた（明45達62陸上勤務者居住規則）。
三　身体の自由及び罪刑法定主義（憲法第二三条）
現役・召集中等の軍人軍属等に対しては、原則として、普通刑法ではなく軍刑法を適用した。軍人軍属に対する懲罰は、自由刑（刑罰）に相当するものを含んでいたが、法律ではなく勅令や軍令に基づいた。
四　法定裁判官による裁判の請求（憲法第二四条）
現役・召集中等の軍人軍属等による刑事事件に関しては、原則として、裁判所構成法ではなく軍法会議法による裁判官が裁判を行った。軍法会議の裁判官の存在は軍法会議法の規定に基づいたが、その身分保障に関しては勅令や軍令に基づく場合があった。
五　住居の不可侵（憲法第二五条）
営内・艦内居住の軍人軍属に関しては、現住居の不可侵は存在しなかった。
六　信書の秘密（憲法第二六条）
陸軍では、昭和九年九月改正の軍隊内務書（軍陸9）で、所属隊長が軍紀維持を目的として信書を開披できる旨明示した。一方、海軍の艦隊司令長官及び艦長は、発信前の私信を検閲することができた（明27達168艦隊職員勤務令、明30達60軍艦職員勤務令、大3軍海10艦隊令）。

七　所有権の不可侵（憲法第二七条）
営内・艦内に所在する軍人軍属に関しては、その携帯所有物の不可侵は存在しなかった。
八　信教の自由（憲法第二八条）
信教の自由は、安寧秩序や「臣民タルノ義務」に反しない限り認められた。従って、宗教上の理由に基づく兵役拒否は違法であった。
九　言論、著作、印行、集会、結社の自由（憲法第二九条）
（イ）　軍刑法上の軍人は、政治に関する上書、建白、演説と文書での意見公表を禁じられた。違反者は禁錮に処せられた（明14太布69陸軍刑法・70海軍刑法）。(4)
（ロ）　陸軍の軍人軍属は、著作（著作物の出版、雑誌新聞紙への意見掲載）を行うにつき、所属長官の認可を要し、またはその監督を受けた（明38陸達55陸軍軍人軍属著作規則、改正昭12陸達11）。海軍の軍人軍属は、文書図画を著作し出版法により出版する場合には所属長官の認可を要した（大1官房1507海軍部内印刷出版規程）。
（ハ）　現役及び召集中の陸海軍軍人は、新聞紙の発行人及び編集人になることができなかった（明42法41新聞紙法）。
（ニ）　現役軍人及び召集中の予後備役軍人は、政治に関する集会に出席・入会すること、政事上の結社（政社）に加入することができなかった（明13達乙8、明13太布12集会条例、改正明22法31、

明23法53集会及政社法、明33法36治安警察法）。

一〇　請　願（憲法第三〇条）

軍刑法上の軍人は、政治に関する請願を禁じられ、違反者は禁錮に処せられた（明41法46陸軍刑法・48海軍刑法）。

第三項　憲法上の義務

一　兵　役（憲法第二〇条）

大正七年三月の徴兵令改正に至るまで、将校など志願兵籍者の兵役種別は、常備兵役でも後備兵役でもなく、国民兵役であった。

未成年の子が兵役を出願する場合、親権を行う父または母の許可を要した（明31法9民法881）。

二　納　税（憲法第二一条）

軍人軍属の従軍中の俸給及び手当には、所得税を課さなかった（明20勅5所得税法、昭15法24）。

第四項　その他の権利義務

一　栄　典

金鵄勲章は、将校同相当官及び軍属にのみ与えられる栄典であった（明27勅193金鵄勲章叙賜条例)。尚、金鵄勲章の年金制は、昭和一六年六月に廃止された(勅725)。

第五項　法律行為等

一　婚　姻

軍人の婚姻が法的に成立するためには、天皇、陸海軍大臣または所管長官の許可を要した(5)。また、二五歳未満の下士等、徴兵による現役兵の婚姻を禁止する場合(明14達甲13陸軍武官結婚条例、明18乙14海軍武官結婚条例及び大10勅483海軍現役軍人結婚条例改正)、海軍武官等の配偶予定者の年齢を一六歳以上とする場合(明18乙14、廃止明41勅180海軍現役軍人結婚条例)、下士以上の陸軍軍人の結婚に関して、家計保護金(6)の納入を条件とする場合(明14達甲13、廃止明37勅45陸軍現役軍人婚姻条例)があった。

二　遺　言

遺言は、自筆証書、公正証書、秘密証書による方式を原則としたが、従軍中の軍人軍属と軍艦及び海軍所属船舶の中にある者は、証人及び将校同相当官の立会で遺言書を作ることができ、また従軍中の軍人軍属は「死亡ノ危急ニ迫リタル」場合、証人の立会のもと口頭で遺言することができた(明31法9民法1078等)(7)。

三　後見人及び後見監督人

現役軍人は、後見人及び後見監督人の任務を辞することができた（明31法9民法907・916）。

四　国籍離脱及び入籍

（イ）現役服務義務を有する者（服務未了の者または義務未解除の者）及び武官は、国籍を離脱できなかった（明32法66国籍法、明31法12・大3法26戸籍法）。

（ロ）兵籍にある者及び兵役義務ある者は、原則として、他の「地域」（兵役義務制のない）の家に入ることができなかった（大7法39共通法）。

第六項　訴訟手続等

甲　民事事件

一　裁判籍

軍人軍属の裁判籍ついては、兵営地または軍艦定繋所を住所とした。但し、予後備役の軍籍にある者、兵役義務履行の為にのみ服役する軍人軍属の裁判籍は、普通の住所によって定められた（明23法29民事訴訟法11。参照大15法61同法改正7）。

兵役義務履行の為にのみ服役する軍人軍属に対しては、兵営地または軍艦定繋所の裁判所に、財産権上の請求についての訴えを起こすことができた（同法15、大15法61同法改正7）。

二　特別代理人の任命

軍人軍属が訴訟無能力者である場合、法律上代理人が他地に住する時は、遅滞の危険がなくても、受訴裁判所の裁判長は、原告の申し立てにより、特別代理人を任じることができる（明23法29民事訴訟法47。参照大15法61同法改正56。通常は遅滞の危険がある場合に限る）。

三　送　達

予後備役の軍籍にない下士以下の軍人軍属に対する送達は、本人に対してではなく、所属の長官または隊長に行う（明23法29民事訴訟法139、大15法61同法改正167）。出陣の軍隊または役務に服した軍艦の乗組員に属する人に対する送達は、上班司令官庁に嘱託して行うことができる（同法154、大15法61同法改正176。参照大11法75刑事訴訟法80）。

四　訴訟手続の中止

原告または被告が戦時兵役に服する時等は、受訴裁判所は、申し立てにより、または職権を以て、障碍が消除するまで訴訟手続の中止を命じることができる（明23法29民事訴訟法184、大15法61同法改正221）。

五　証　人

予後備役の軍籍にない軍人軍属を証人として呼び出す場合は、その所属の長官または隊長に嘱託して呼び出す（明23法29民事訴訟法293、大15法61同法改正削除）。

予後備役の軍籍にない軍人軍属が、証人として呼び出され、不当に出頭しない場合、この軍人軍属に対する罰金及び勾引の言い渡し及び執行は、軍事裁判所または所属の長官または隊長に嘱託して行う（同法294、大15法61同法改正278）。また予後備役の軍籍にない軍人軍属に対する証言拒否の罰金の言い渡し及び執行は、軍事裁判所に委託して行う（同法302、大15法61同法改正284）。

六　強制執行

予後備役の軍籍にない軍人軍属に対する強制執行は、その上班司令官庁に通知した後に開始する（明23法29民事訴訟法530）。

予後備役の軍籍にない軍人軍属に対し、兵営及び軍事用庁舎または軍艦において行う強制執行は、債権者の申し立てにより、執行裁判所が管轄の軍事裁判所または所属の長官または隊長に嘱託して行う（同法556）(8)。

七　債権の差し押え

下士兵卒の給料並びに恩給、その遺族の扶助料、出陣の軍隊または役務に服した軍艦の乗組員に属する軍人軍属の職務上の収入等に対する債権は差し押さえることができない（明23法29民事訴訟法618・570）。

乙　刑事事件

一　令状等の執行

陸海軍在営の軍人軍属に対する令状は所属長官に示し、その承認により執行する（明13太布37治罪法136）。予後備役にない下士以下の軍人、軍属に対する令状は、所属の長官隊長に示し、その承認により執行する（明23法96刑事訴訟法81）。

軍事用の庁舎または艦船の内にある者に対する勾引状及び勾留状は、庁舎または艦船の長等に示して執行する。庁舎または艦船の外で勤務する軍人軍属または軍所属学生生徒に対する勾引状及び勾留状は、所属の長等に示して執行する（大11法75刑事訴訟法105）。

軍事用の庁舎または艦船の内での押収または捜索は、庁舎または艦船の長等に通知してその立会の下で行う（大11法75刑事訴訟法157）。

二　証　人

陸海軍在営の軍人軍属に対する証人呼出状は、所属長官を経由して送達する。当該軍人軍属が証人として出頭するには、長官隊長の認可を要した（明13太布37治罪法175）。

予後備役にない軍人、軍属に対する証人呼出状は、所属の長官隊長を経由して送達する。当該軍人軍属が証人として出頭するには、長官隊長の認可を要した。正当な理由なく出頭しない当該軍人軍属に対する罰金の言い渡し及び執行、証人勾引は、軍事裁判所または所属の長官隊長に嘱託して行う。正当な理由なく宣誓または供述を行わない当該軍人軍属に対する罰金の言い渡し及び執行は、軍事裁判所に嘱託して行う（明23法96刑事訴訟法117・118・126、参照同法136）。

註（1）選挙権は公務就任の権利ではないが、暫くここに掲げる。

（2）衆議院議員が召集により失職した場合、召集解除後に任期の残余があれば、復職した（昭18法98）。本法は憲法第三五条に違反する。尚、地方議会の議員については、昭13法84参照。

（3）海軍現役将校に関しては、明治二四年七月から大正二年一一月までの間、貴族院勅選議員となった際に予備役に編入する旨の規定が存在した（明24勅79海軍将校分限令、大2勅307海軍高等武官准士官服役令改正）。

（4）昭和三年一月二七日の閣議覚書によると、陸海軍文官たる政務官が、衆議院議員候補者として政見を発表する場合、刑法第三五条により、犯罪不成立と判断された（密大）。

（5）明治九年一二月、陸軍武官恩給令の発布に伴い、軍人の結婚を許可制とした（達236）。

（6）家計保護金は陸軍省へ納入され、佐官昇進時、恩給権取得時、現役離役時、離婚時等に還付された。

（7）従軍中の皇族及び王公族は、自書により遺言できない場合、将校同相当官の立会の下、遺言の趣旨を口授することができた（大15皇10皇族遺言令及び皇17王公家軌範）。

（8）明治二三年八月、陸海軍軍法会議私訴裁判強制執行法（法67）により、私訴裁判による強制執行の規定を設けた。陸海軍治罪法改正により、軍法会議が私訴裁判を行うことになったためである。私訴裁判の強制執行は、兵営艦船または軍事用庁舎で行う場合は軍法会議が行い、その他の場合は、軍法会議の嘱託により、民事訴訟法の規定に基づいて普通裁判所が行う。

第四節　紀　律

紀律の目的は服従関係の内容を規定することにある。服従関係には、相対的服従関係と絶対的服従関係がある。相対的服従関係とは、上官の命令に対して部下が一定の審査権を有する関係、即ち、部下は、命令を適法と判断した場合これに服従し、命令が違法と判断した場合服従を拒否する関係をいう。一方、絶対的服従関係とは、上官の命令に対して部下が審査権を持たない関係、即ち、部下は、命令が適法であるか否かに拘わらず、これに服従する関係をいう。

絶対的服従関係において、上官はその発した命令につき責任を負わなければならない(1)。万一、上官を免責すれば、組織における権限と責任の対応関係が崩壊し、その組織は合理性を失う。また上官は、部下が違法命令を発した場合には、直ちに適正な処分を行わなければならない。この違法命令を黙認した場合、上官はその監督責任を負担しなければならない。

第一項　官吏服務紀律

明治二〇年七月、官吏服務紀律（勅39、改正昭22勅206）を定め、陸海軍では下士官（判任官）以上に適用した。天皇及び天皇政府への忠誠、法令遵守、機密保持、命令服従などを義務づけ、命令に対する意見の陳述を認めた。

第二項　読法及び誓詞

一　概　説

読法は、軍人軍属に読み聴かせる紀律であり、誓詞（誓文、宣誓文）は紀律を記し、その遵守を誓約するための文書である。

軍人軍属は、読法及び誓詞の内容を宣誓することで、その遵守を義務づけられた。他の紀律が一方的な命令であるのに対し、読法及び誓詞は、宣誓という行為を伴った。読法による宣誓は、読法を他者から誦み聞かされた後、誓文に署名捺印する方式であり、誓詞による宣誓は、本人が自ら誓文を誦読し、誓文に署名捺印する方式である。

軍刑法や軍懲罰法規が整備されるまでは、読法及び誓詞に違反したことが刑罰や懲罰の根拠となった。整備の後、読法及び誓詞は、紀律を確認するため、または紀律を加重するために用いられた。

二　陸軍軍人

明治四年一月、掟を定め、忠誠・敬礼・服従を勧めて徒党・脱走・乱暴等を禁じた(2)。この掟は同月制定の軍隊手帖に掲載され、手帖所持者は誓詞を行った。同年七月、兵部省陸軍部内条例（兵57）を定め、「官人」は職に就く前に誓詞を行った。同年八月、海陸軍刑律で読法を制度的に採用し、兵卒は読法誦読を経て軍刑律の適用対象となった。五年一月、前年一二月制定の読法（兵32）を発し、忠節・敬礼・服従・勇敢を勧めて徒党・脱走・暴行等を禁じた。同年二月、誓文を、本省官員の判任以上と鎮台の少尉以上（隊附を除く）につき実施することを定めた（兵54）。同年三月、読法に律条を付した。律条は読法の補足注釈であり、海陸軍刑律を引用した。命令服従については、部下の事前審査権を否定し、命令実施後の意見陳述を認めた。七年六月、入営後の兵員が読法宣誓の前に犯罪を干した場合、重罪なら軍律で兵籍を剥奪した後に、軽罪なら直ちに、一般の裁判手続で処分した（達外、消滅明14太布69）。同年一〇月、生兵概則（布371、廃止明20陸達124）で新兵に対し読法式及び誓文帳署名を行った。

明治一五年三月、軍人勅諭の発布に伴い、読法（達乙16）を改正し、命令への絶対服従を述べ、上官の命令に対する部下の審査権を否定した。明治二〇年一一月、新兵入隊定則（陸達126、廃止明21陸達198）を定め、読法による宣誓を課し、二一年一〇月の軍隊内務書（陸達197）は入隊兵取扱において読法による宣誓式を採用した。昭和九年九月の軍隊内務書改正（軍陸9）で宣誓式と読法を廃止した(3)。

三　陸軍軍属

明治四年七月、兵部省陸軍部内条例（兵57）を定め、「官人」は職に就く前に誓詞を行った。五年二月、誓文を、本省官員の判任以上と鎮台の軍属につき実施することを定めた（兵54）。

同年六月、「等外以下並ニ一時傭役之輩」即ち下級の軍属に適用する読法を定め、誦読終了により軍律を適用した（陸121）。内容は誠実勤務・徒党禁止等であった。一四年二月、判任以上の軍属の誓文を誓文帖の形式に変更した（達乙4、廃止明43陸普1103）。一五年三月、軍属読法は宣誓を行わない者（下級の軍属）に適用し（達乙16）、忠実・敬礼親睦・絶対服従・質素を勧めた。明治四三年三月、陸軍文官誓文ノ件（陸普1103）を定め、陸軍文官（判任官以上）同待遇者が始めて就職した時に宣誓させた。この誓文では、一般官吏としての規律遵守を前提としつつ、更に、命令への絶対服従を述べ、上官の命令に対する部下の審査権を否定した。

昭和九年九月、軍属読法（陸普5785）を定め、陸軍文官誓文ノ件（明43陸普1103）で宣誓しない軍属に読法宣誓義務を課した。命令への絶対服従を述べ、上官の命令に対する部下の審査権を否定した。

四　海軍軍人

明治四年八月、海陸軍刑律で読法を制度的に採用し、兵卒は読法誦読を経て軍刑律の適用対象となった。同年九月、兵部省海軍部内条例（兵113）を定め、「官人」は職に就く前に誓詞を行った。同年一二月、海軍読法（兵188）を定め、忠節・敬礼・服従・序列尊重・勇敢を勧めて徒党・脱走・暴行等を禁じた。九年四月、海軍読法（二月改正）を発し、律条を付した（記三套32）。服従については、部下の審査権を否定し、命令実行後の意見陳述を認めた。その後の変遷は不明であるが、海軍軍人の読法宣誓は、明治一四年の海軍刑法の制定により、廃絶に帰したと推定される。

五　海軍軍属

明治四年九月、兵部省海軍部内条例（兵113）を定め、「官人」は職に就く前に誓詞を行った。明治四一年九月、海軍軍属宣誓規則（達110）を定め、海軍文官同待遇者以外の海軍軍属に宣誓義務を課した。但し、従来の海軍軍属は、本規則による宣誓を行ったものと見做された。宣誓の内容は、忠節、紀律順守、信義尊重などであり、命令への服従に関しては規定されなかった。

第三項　軍人訓誡

明治一一年一〇月、陸軍卿は陸軍軍人に対し訓誡を発し、軍人精神として忠実・勇敢・服従を挙げた。具体的には、天皇の尊崇、軍階級秩序の尊重、文官及び一般人に対する礼儀、武器濫用及び政治容喙の禁止、命令への絶対服従（事後の意見陳述は可）、告訴に際しての手続尊重を勧めた。

第四項　軍人勅諭

明治一五年一月、天皇は軍人（予後備役軍人も含む）に対し勅諭を発し、軍隊親率の由来を述べ、自らを大元帥と位置づけ、更に忠節・礼儀・武勇・信義・質素の五ヶ条を訓諭した。(4) 礼儀の項では、高級故参の者に対する服従を命じ、また上官の命令を天皇の命令と見做して、絶対服従義務を暗示した。

第五項　軍隊内務書

軍隊内務書は陸軍軍人の在営生活行動に関する規定である。明治五年六月（一一月頒布）、歩兵内務書（陸234、廃止明21陸達198）を定め、また各兵科の内務書を定めた。

明治二一年一〇月、軍隊内務書（陸達197、全改昭18軍陸16軍隊内務令、廃止昭和21軍陸1）により命令への絶対服従を規定し、命令に関する責任を発令者に帰した。即ち、第二章第五条第一項に「命令ハ謹テ之ヲ守リ以テ直ニ施行スヘシ決シテ其當不當ヲ論シ理不理ヲ議スルコト勿レ蓋シ命令ノ可否ハ出ス者ノ責ニシテ行フ者ノ責ニ非サレハナリ」と述べた。明治四一年一二月、軍隊内務書を改正し（軍陸17）、発令者の責任に関する規定を削除した。

第六項　艦船職員服務規程

艦船職員服務規程の起源は、明治一七年一〇月の軍艦職員条例（丙142、廃止明30達60）である。しかし、同条例及び明治三〇年五月の軍艦職員勤務令（達60、廃止大8達111）は職員の服従義務につき格別の規定を持たなかった。大正八年六月、艦船職員服務規程（達111）を定め、その綱領において、上官の命令に絶対服従すべき旨明記し、命令に関する部下の審査権を否定した（事後の意見陳述は可）。

註（1）上官の命令に基づく部下の職務行為は刑法上、免責されていた。即ち、当該職務行為に関しては、明治一四年の陸軍刑法第四四条及び海軍刑法第三七条により、明治一三年の刑法第七六条「本屬長官ノ命令ニ從ヒ其職務ヲ以テ爲シタル者ハ其罪ヲ論セス」が適用され、また明治四〇年の刑法第八条により、同法第三五条「法令又ハ正當ノ業務ニ因リ爲シタル行爲ハ之ヲ罰セス」が適用された。

（2）これ以前、明治元年一〇月の親兵規則により、隊号悪用の禁止、学習及び訓練の勧奨、城門出入の制限を規定した。

（3）廃止の理由は、読法と勅諭の重複にあった（昭9陸普5824）。

（4）明治一五年一月、軍人勅諭を海軍生徒及び下士以下へ週一回読み聴かせることとし（達無）、同年二月、軍人勅諭を陸軍下士以下に渡す手牒の首葉に掲載することとした（達乙11）。

第五節　軍刑法

軍刑法は特別刑法であり、軍人を主な適用対象とする。軍刑法は軍紀維持及び軍秩序保持という特別の目的を有し、普通刑法と異なる構成要件や刑罰を規定する。(1)軍刑法に規定する犯罪を軍事犯と呼び、他の刑事法規に規定する犯罪を常事犯という。

第一項　海陸軍刑律

明治元年二月の陸軍諸法度及び五月の陸軍局法度は、乱暴禁止等を定めたが、具体的な刑罰規定を設けなかった。明治二年四月、軍律により徒党・脱走等を禁止し、初めて死刑以下の刑罰規定を設けた。三年一二月、新律綱領中の軍人犯罪の項目により、出征行軍時の犯罪は兵部省が管轄し、その他の場合の犯罪は一般の規定によって処罰した。同年の軍艦定律は、軍律違犯者の取扱手続と徒党・脱走等に対する部内懲罰を規定した。

四年八月、海陸軍刑律（兵44）により、陸海軍の刑事法規を統一した。刑律は軍人軍属に適用し、戦時には、軍中の一般人にも適用した。刑律に規定の無い事項については新律綱領等を参照した。刑罰には正刑とこれを軽減した閏刑とを設け、情状酌量による減刑を認めた。

海陸軍刑律は封建制的な規定を有した。将校は「士」としての処遇を受けた。刑罰では将校と下士兵卒で区別を設け、例えば、将校の死刑を自裁（切腹）とし、下士兵卒では銃殺とした。また将校にのみ閉門（自宅拘禁）を認め、下士兵卒にだけ笞刑や杖刑を採用した。将校は死刑によっても「世襲ノ俸」を失うことなく、将校の奪官は「士ノ義」違反を理由とした。軍事勤務を名誉とする観点から、奪官や放逐などの排除刑が行われた。

六年四月、改正軍人犯罪律（太132）を定め、軍人軍属の犯罪は、出征行軍時以外でも軍律で処罰できるとした。現役以外の軍人は一般人と同様の刑事手続に拠った。同年六月の改定律例（太206）も改正軍人犯罪律を採用した。

第二項　陸軍刑法及び海軍刑法

一四年一二月、新たに陸軍刑法（太布69、改正明21法3、廃止明41法46）及び海軍刑法（太布70、改正明21法4、廃止明41法48）を定め、これにより軍刑法は近代法としての体裁を整えた。軍刑法は罪刑法定主義（遡及処罰の禁止）を掲げ、普通刑法の中から軍刑法として適用する条項を明示し、軍人軍属などの用語を定義した。陸軍軍属に関しては、宣誓または読法を継続した。軍刑法は現役軍人、軍属、召集中の予後備役軍人に適用し、暴行や違令など一部の犯罪については一般人にも適用した。未遂犯については普通刑法を適用した。尚、違令の章において、兵役忌避のための詐偽行為や軍人の政治関与を処罰した。

一五年四月、旧軍律と新刑法の双方に規定する犯罪で刑法施行前のものは、原則として、新旧を比較し、軽い方の刑罰を科すこととした（太布20）。

二八年三月、陸軍刑法と海軍刑法の相互関係を部分的に定めた（法27）。陸軍軍人が海軍で服務する場合、海軍軍人が陸軍で服務する場合、各軍軍人が共同軍務に服する場合は、各軍刑法において、陸軍軍人と海軍軍人を同視することになった。

四一年四月、陸軍刑法（法46、廃止昭22政52）及び海軍刑法（法48、廃止昭22政52）を全面改正した。総則規定を大幅削減し、普通刑法の総則に譲った。軍刑法は軍人に適用し、暴行脅迫や違令など一部の罪については一般人にも適用した。軍所属の学生生徒、軍属などは軍人に準じた。軍人には召集中または服務中の在郷軍人、制服着用中の在郷軍人を含んだ。普通刑法の属地主義に対し、軍刑法は法典携行主義を採用し、占領地や駐軍地など外国での、軍人の犯罪や一般人・外国人・俘虜の軍事犯にも適用された。外国軍との共同作戦では、外国軍人に日本の軍刑法を、また日本軍人に外国の軍刑法を適用する場合が認められた。

註（1）刑罰は司法権に基づく処分であり、法律の根拠を要する。刑罰は国民の法律違反に関して、社会秩序維持の目的で行われ、生命刑自由刑などを内容とする。

第六節　懲　罰

軍人軍属の懲罰は官吏懲戒の一種である。懲戒は、官吏の義務違反に関して、官紀維持の目的で行われ、その制裁は官吏関係による利益の解除（官職剥奪）を限度とする。しかし、軍人軍属の懲罰には、官吏懲戒の域を超え、営倉など刑罰に類する処分が存在した。従って、軍人軍属に関しては、懲戒処分（懲戒罰）と刑罰の分離が不完全であった。

第一項　陸　軍

明治五年一一月、懲罰令（陸243、消滅明14達乙73）を定め、軍刑法を適用しない、軽度の犯罪（義務違反）に関して懲罰を加えた。懲罰令は、平時において、衛戍地及び屯営内で犯罪のあった軍人及び軍属に適用し、上官または司令官が懲罰権を有する。将校の罰目は謹慎、下士は営倉及び営外禁足、兵卒は営倉及び使役であった。軍生徒及び軍属は下士または兵卒に準じて懲罰を受けた。九年五月、陸軍の軍人軍属を官吏懲戒例の適用対象外とした（達90）。一四年一二月、陸軍懲罰令（達乙73、明21勅63、明41軍陸18、廃止昭21軍陸1）を定め、軍属及び軍生徒の懲罰を軍人と同様とした。二一年八月、下士上等兵で悛改の状なき者を免官できるとしたが、この免官による兵役免除は認めなかった（勅63）。

明治四一年一二月、軍人に関して陸軍懲罰令（軍陸18）を定めた。軍属に関しては陸軍軍属ノ懲戒ニ関スル件（勅315、廃止昭21勅314）を定め、その懲戒には陸軍懲罰令を準用した。軍属の免職免官には文官懲戒令を適用した。陸軍懲罰令は軍令の形式を採用したから、現役軍人や召集中・服務中の在郷軍人を適用対象とすべきであったが、その他の在郷軍人でも軍服着用中であれば適用対象とした。四四年一〇月、親補職の将官を陸軍懲罰令の適用対象から除外した（軍陸4）。昭和二〇年四月、適用対象を在郷軍人全般に拡大した（軍陸14）。

尚、陸軍法務官（理事）の懲戒に関しては、従来、軍属に対する懲罰法規を適用してきたが、大正一〇年の陸軍軍法会議法（第四一条）を承け、一一年三月に陸軍法務官及海軍法務官懲戒令（勅100、廃止昭17勅321）を設けた。陸軍法務官の懲戒は、譴責、減俸、停職、免職の四種とし、陸軍法務官懲戒委員会の議決に依り行う。即ち、陸軍法務官は、長官上官の直接的な懲罰対象から除外された。懲戒委員会は委員五人で組織し、三人は陸軍法務官から、二人は陸軍将校から、陸軍大臣の奏請に依り内閣が任命した。

第二項　海　軍

明治七年七月、懲罰仮規則（記三套28、消滅明14丙79）を定め、下士卒による軽犯（義務違反）には、軍刑法を適用せず懲罰を加えた。罰目は禁錮、雑役、立番、謹慎、営外禁足であった。一四年一二月、海軍下士以下懲罰則（丙79）を定め、下士以下による、軍刑法を適用しない軽犯に懲罰を加えるとした。所管長官が懲罰権を有し、罰目は禁錮、停給、謹慎（下士のみ）、科役（卒以下のみ）であった。

一八年一月、海軍懲罰令（丙1、明19勅81、廃止昭21勅314）(1)を定め、軍刑法を適用しない軽犯に関して懲罰を加えるとした。懲罰令は軍人に適用し、軍属及び軍所属生徒も軍人に準じた。所管長官が懲罰権を有し、准士官以上の罰例は謹慎、下士以下は監倉であった。二二年一二月、下士以下の罰目を禁足とし（勅134）、二八年四月、海軍大臣の懲罰権保有を明記した（勅49）。明治四一年九月、召集中の予後備役軍人を懲罰令の適用対象とした（勅239）。軍属の免官処分に関しては文官懲戒令を適用すると定めた。准士官以上の懲罰は謹慎、下士卒は拘禁及び禁足、軍属は禁足であった。海軍大臣は、長官や所轄長に属さない軍人に対して懲罰権を有し、また天皇の旨を承けて将官同相当官を懲罰する。懲罰権者は、受罰者の改悛の情が顕著である場合には、懲罰の執行を免除できた。

尚、海軍法務官（主理）の懲戒に関しては、従来、軍属に対する懲罰法規を適用してきたが、大正一〇年の海軍軍法会議法（第四一条）を承け、一一年三月に陸軍法務官及海軍法務官懲戒令（勅100、廃止昭17勅321）を設けた。海軍法務官の懲戒は、譴責、減俸、停職、免職の四種とし、海軍法務官懲戒委員会の議決に依り行う。即ち、海軍法務官は、長官上官の直接的な懲罰対象から除外された。懲戒委員会は委員五人で組織し、三人は海軍法務官から、二人は海軍将校から、海軍大臣の奏請に依り内閣が任命した。

註（1）明治一八年五月の海軍懲罰処分法（丙32）により、海軍懲罰令による処分取扱手続を定めた。傍聴は、軍人軍属が処分宣告に関して傍聴する場合のみを認め、審問の傍聴はこれを禁じた。

第九章　軍隊による臨時保安警察作用

第一節　概　説

保安警察作用とは、治安または法秩序を維持回復するため、その阻害要因を除去または防止する措置であり、本来は、普通警察官憲の職務に属する。しかし、暴動、騒擾、内乱、災害または犯罪の程度が著しく、普通警察官憲の対応能力を超えるものである場合、軍隊が出動し、普通警察官憲と共に、または普通警察官憲に代わり、治安または法秩序の維持回復を担当した。これが軍隊による臨時保安警察作用である(1)。

軍隊による臨時保安警察作用は、国民に対して兵力を使用する可能性を有し、国民の権利義務に関わる措置である。従って、憲法第三一条にいう戦時及び国家事変の場合を除き、法律に基づくべきであったが、実際には、平時にも勅令や軍令などに基づく措置が認められていた。

軍隊による臨時保安警察作用には、単なる出兵と、出兵に伴い軍事指揮官（司令官）に一定の執行権や強制権を認める措置がある。前者には地方出兵制が該当し、後者には戒厳、戒厳令の一部適用、法律執行のための出兵がある。

第二節　戒　厳

第一項　戒厳の定義

明治一五年八月、戒厳令（太布36、改正明19勅74、廃止昭22政52）を定め、戒厳制度を設けた。(2)戒厳令に定義する戒厳は、戦時事変に際して「兵備」により全国または一地方を「警戒」することである。(3)しかし、その内容は単なる「警戒」ではなく、一定地域の治安を維持回復するため、平時の行政制度や司法制度を停止して軍事指揮官（司令官）に授権し、国民の権利を制限変更する措置である。従って、憲法は、戒厳の要件及び効力が法律による旨規定した。但し、憲法第七六条により、従来の戒厳令が法律として効力を継続し、その後、戒厳に関する法律は制定されなかった。(4)

第二項　戒厳の種類

戒厳には、地境の区別から、臨戦地境戒厳と合囲地境戒厳があり、宣告者の区別から、大権戒厳と委任戒厳（現地戒厳）がある。尚、戒厳の実例は、日清戦争と日露戦争における臨戦地境戒厳・大権戒厳に限られた。

一　臨戦地境戒厳と合囲地境戒厳

臨戦地境は戦時事変に際して警戒すべき区域を、合囲地境は合囲、攻撃、事変に際して警戒すべき区域を意味し、各地境で司令官の権限や軍事裁判の管轄権が異なる。従って、戒厳を行うには、事前に、地境の区域と種類を指定する必要がある。但し、区域と種類は、後の宣告によって変更できた。概して、司令官の権限は合囲地境における方が大きい。

臨戦地境戒厳では、司令官は、軍事関係の地方行政事務及び司法事務を管掌し、関係の地方官地方裁判官検察官を指揮する。但し、裁判の管轄権及び手続は通常と同様であった。司令官は、国民の権利を制限できる。即ち、集会言論活動を停止し、軍需品を調査しその輸出を禁止し、銃砲兵器等の危険物品を検査し押収し、郵便通信を検閲し、船舶物品を検査し交通路を停止し、人民の財産を破壊することができる。

合囲地境戒厳では、司令官は、すべての地方行政事務及び司法事務を管掌し、関係の地方官地方裁判官検察官を指揮する。軍事関係の民事と刑法中の「公益ニ關スル罪」「身體財産ニ對スル罪」の一部は軍事裁判権の管轄とし、通常裁判所がないか、通常裁判所との交通が不可能な場合には、民事刑事のすべてを軍事裁判権の管轄とする。また軍事裁判に関しては、控訴及び上告を禁止した。司令官は、臨戦地境戒厳における権利制限権に加え、住居等を立入検察し、寄宿者に退去を強制できる。

二　大権戒厳と委任戒厳

大権戒厳とは、天皇の宣告による戒厳を指す。委任戒厳（現地戒厳）は、戦時において、現地の司令官（陸軍の軍団長・師団長・旅団長等、海軍の艦隊司令官・鎮守府司令長官・特命司令官等）が、特に緊急の場合に、自主裁量で宣告する戒厳をいう(5)。現地司令官は、軍事施設が合囲や攻撃を受けた場合、臨時に戒厳を宣告でき、また平時土寇の場合にも戒厳を宣告できる。現地司令官が戒厳を宣告した時には太政官（内閣）に報告し、また直属の上級機関にも報告する。出征司令官は、戦略上の必要により戒厳を宣告できる。

第三項　戒厳の解止

戒厳の解止により、地方行政事務及び司法事務、裁判権はすべて通常の状態に復する。解止を宣告するのは、天皇または現地司令官である。但し、戒厳令は、解止の要件及び手続を規定しなかった。

第四項　戒厳の手続

戒厳令は戒厳に関する手続を詳しく規定していない。他の法令の規定に俟つ手続には、戦時の布告、地境及び司令官の事前指定、枢密院への諮詢がある。（1）戦時の戒厳を行うには、その前提として戦時の布告が必要である。戒厳令と同時制定の太政官布告第三七号（廃止昭29法203）によれば、法律規則における「戦時」の期間は、布告で臨時に指定しなければならなかった。しかし、実際には、戦時の戒厳宣告に際して、第三七号に基づく布告は出されなかった。（2）臨戦地境と合囲地境では、司令官の権限や軍事裁判の管轄権が異なる。従って、戒厳を行うには、事前に、地境の区域と種類を指定する必要があり、特に大権戒厳に際しては、戒厳地の司令官を指定しなければならなかった。実際には、宣告の勅令で、地境の種類、区域、戒厳地の司令官が指定された。（3）枢密院官制及事務規程（明21勅22、特に明23勅216）により、戒厳宣告は枢密院に諮詢することを要した。実際には、宣告の他、解止も枢密院の諮詢を経た勅令で行われた。

第三節　戒厳令の一部適用

第一項　概　説

戒厳令の一部適用は、制度的に準備された措置ではなく、戒厳令による戒厳制度を一部転用して行われた措置である。従って、一部適用は戒厳ではないが、閣議や関係法令の適用においては、一部適用を戒厳と呼び、また、戒厳と見做す場合があった(6)。

一部適用の意義は、戒厳を直接行うことが困難な場合、例えば、平時の都市騒擾や災害に際して、措置の必要な地域が実際には臨戦や合囲の状況になく、当該地域を臨戦地境や合囲地境に指定することが困難である場合に、戒厳と同様の措置をとることにある。この変則的な措置は、わが国の非常事態法制、特に平時の都市騒擾や災害に対する法制が不備なことの現れである(7)。

第二項　実例に見る手続の定型化

戒厳令は法律相当の法令であるから、転用のためには、法律または緊急勅令の規定を要する。一部適用は、明治三八年九月の日比谷焼打事件、大正一二年九月の関東大震災、昭和一一年二月の二・二六事件に際して実施され、結果として、次のような定型化が見られた。

（1）緊急勅令で、戒厳令の一部を一定地域に適用することを定めた。但し、適用条文、地境の種類、区域、司令官は指定せず（明治三八年の場合には、概略的な区域指定があった）、別の勅令に委任された。

（2）普通勅令（施行勅令という）で、先の緊急勅令の内容を具体化した。即ち、区域、適用条項、司令官の職務を行う者（司令官と略称す）を指定した（昭和一二年の場合なし。戒厳司令部令に譲る）。適用条項は、どの場合も共通して、第九条及び第一四条であった。これにより、司令官は、地方行政事務及び司法事務については臨戦地境相当の管掌権を、国民の権利制限については合囲地境相当の執行権を得た。

（3）一部適用は、適用の緊急勅令を廃止することで終了した。この廃止も緊急勅令で行われた。尚、施行勅令は別の普通勅令で廃止された（明治三七年の場合は明示的廃止なし）。

第四節　地方出兵制

第一項　地方官の請求による出兵

地方出兵は、原則として、地方官の請求（または地方官との合議）に基づいて行われた[8]。請求があった場合、軍事指揮官は、上級機関の指示を受けるのが原則であったが、緊急時には直ちに出兵できた。出兵に関しては事前事後に、陸軍大臣及び参謀総長、海軍大臣及び海軍軍令部長などに対して報告が行われたが、請求者である地方官には報告されなかった。尚、海軍の出兵は、原則として、海中の孤島や沿岸地方で、陸軍の出兵が困難な地域に対して行われた（明33海総623）。

出兵請求権を有する地方官（地方長官）には、府県知事（明19勅54）、北海道長官（明19勅83）、警視総監（大3勅248）、また外地の総督及び長官（明40勅33、大8勅94、大8勅386、大8勅393、大11勅107）、満洲国駐箚特命全権大使（昭9勅348）などがある。尚、地方官が軍事指揮官を兼ねている場合には、出兵を命令・実施できた（明29勅88台湾総督府条例、明39勅196関東都督府官制、明43勅354朝鮮総督府官制）。

出兵権を有する主な軍事指揮官には、陸軍の師団長（明21勅27）、軍司令官（明39勅205、大8軍陸12・21、昭15軍陸12）、衛戍司令官[9]（明28勅138）と海軍の艦長（明38勅258）、艦隊司令長官（明22勅100、明27達168、大3軍海10）、鎮守府司令長官（明19勅25）、要港部司令官（明33勅206）がある。

第二項　軍事指揮官の自主裁量による出兵

軍事指揮官は、地方官の請求がなくても、自主裁量により出兵することができた。出兵に関しては事前事後に、陸軍大臣及び参謀総長、海軍大臣及び海軍軍令部長などに対して報告が行われたが、関係の地方官への報告義務はなかった。

自主出兵権のある主な軍事指揮官には、陸軍の師団長、軍司令官、衛戍司令官（明43勅26）

と海軍の艦隊司令長官、鎮守府司令長官（明22勅72）、要港部司令官がある。

第三項　勅命による出兵

勅命による地方出兵の手続は、大正二年七月の陸軍省参謀本部教育総監部関係業務担任規定において明文化された。即ち、参謀総長が起案して陸軍大臣に協議し、允裁を受けて指揮官に伝達する。海軍には明文規定はないが、明治二六年五月の省部事務互渉規程及び昭和八年一〇月の海軍省軍令部業務互渉規程によると、海軍大臣が起案して海軍軍令部長に商議し、海軍軍令部長が允裁を受けて海軍大臣が奉行したと推定される。

第五節　法律執行のための出兵

裁判官、検察官、司法警察官は、治罪法によって検証及び差押等の職務を行うに当たり、警察巡査または憲兵を使用することができ、緊急重要の場合には、鎮台または営所の出兵を請求できた（明14太達82）。

執達吏は、強制執行に際し抵抗を受けた場合、執行裁判所を経て兵力を請求することができた（明23法29民事訴訟法）。

税関長は職権を執行するため、海軍の援助を請求することができた（明32法61関税法）。この請求を受けた海軍艦船長は、船舶に対し進行停止を命令することができ、命令に反する船舶に対しては兵力を行使することができた。また、海軍艦艇乗組将校は漁業監督のため、船舶及び店舗等を臨検することができ、また臨検に際し、捜索及び差押を行うことができた（明43法58漁業法）。

第六節　出兵拒否等に関する罰則

明治一三年七月の刑法（太布36）では、出兵請求権または兵力使用権ある官吏は、必要の場合に相当の処分を行わない場合、「官吏公益ヲ害スルノ罪」として禁錮刑に処せられた。また陸海軍将校は、請求に「故ナク」応じない場合は「公務ヲ行フヲ拒ム罪」「辱職ノ罪」として禁錮刑に処せられた。官吏に対する刑罰規定は明治四〇年四月の刑法で削除されたが、陸海軍将校については、明治四一年四月の陸軍刑法（法46）及び海軍刑法（法47）において、罰則が存続した。

註（1）従って、次の場合は、軍隊による臨時保安警察作用ではない。軍隊及び軍人が（a）防衛・警備・警察の職務上、兵器兵力を使用する場合、（b）正当防衛・緊急避難、または現行犯逮捕のため、兵器兵力を使用する場合。

（2）わが国の戒厳制度はフランス及びドイツの合囲状態法制を輸入したものである。合囲状態 état de siége,

Belagerungszustand は、平和状態及び戦争状態と並列的な概念であり、軍事的合囲状態と政治的合囲状態の二種類に分かれる。軍事的合囲状態は要塞や城地が敵軍に実際に合囲されている状態であり、本来の合囲状態とはこの場合を指す。合囲状態においては、軍事指揮官が執行権を掌握し、司法手続が簡略化され、刑罰が加重される。政治的合囲状態は敵軍による合囲とは関係のない、政治的な非常事態のことであり、擬制的な合囲状態である。政治的合囲状態は、軍事指揮官に対して、軍事的合囲状態におけると同様の権限を付与するという意義を有し、クーデターを目的として宣告される場合がある。

(3) 従って、戒厳は、合囲状態 état de siége, Belagerungszustand の正しい訳語ではない。

(4) 戒厳令、戒厳宣告命令、戒厳命令は、しばしば混同される。戒厳令は戒厳制度を定めた法令、戒厳宣告命令は戒厳を宣告する命令、戒厳命令は戒厳の具体的な実施内容（権利制限等）に関する命令である。わが国では、戒厳令は法律の形式を採り、戒厳宣告命令は勅令の形式を採った。戒厳命令は軍事指揮官が発する個別的な命令である。

(5) 憲法上、宣告権は天皇に属するから、現地司令官は天皇の委任によって宣告権を持つと見なされる。尚、戒厳令は、現地司令官による宣告を「宣告」と記し、その他の宣告を「布告」と表現している。この「布告」が天皇による宣告を指すと思われる。

(6) 戒厳と戒厳令の一部適用は全く別の措置であるが、しばしば混同される。尚、一部適用を行政戒厳と呼称することは誤りである。わが国の戒厳は戒厳令による戒厳に限られており、それ以外の措置を戒厳と呼ぶのは用語の錯綜を招き、恰も真正の戒厳とは別の戒厳が法制上存在するかのような印象を与える。また、軍事戒厳という用語も誤りである。戒厳令は戒厳の目的を規定しておらず、戒厳を目的別に分類することはできない。

(7) 平時の非常事態法制には、戒厳令の他、保安条例、予戒令、地方出兵制があった。戒厳令においては、戦時事変以外（都市暴動・災害等）には戒厳を宣告できなかった。保安条例（明20勅67、廃止明31法16）は、治安維持のため、集会の事前許可制や新聞紙の事前検閲制、武器類の携帯禁止、旅人の出入検査などを認めている。しかし明治三一年六月の廃止後、同様の制度は継続しなかった。予戒令（明25勅11、廃止大3勅4）による予戒命令は、命令の対象者を氏名、年齢、本籍等で特定することが前提であり、不特定多数の群衆に対して発することができない。また保安条例と予戒令は災害に対する制度ではなかった。地方出兵制は、単に出兵に関する規定であり、措置に必要な軍事指揮官の執行権・強制権を定めていなかった。

（8）地方出兵制の亜種として、保護対象国に駐屯する軍隊が、治安維持のため、同国内に出動する制度が存在した。統監（韓国京城に駐在。軍隊統率機関ではない）の命令による兵力使用及び理事官（韓国各開港場等に設置）の請求による出兵がそれである（明38勅267統監府及理事庁官制）。

（9）衛戍は、陸軍の軍隊が一定の地に駐屯することを指す。軍隊は、衛戍に伴い、内部の秩序を維持し軍施設を警備し、更に、秩序維持及び警備を補完するため、外部即ち衛戍地の警備及び治安維持を行った。

参考文献

＊軍制に直接関係する研究書、解説書、資料集を主として掲げた。

一
松下芳男『明治軍制史論』有斐閣、昭和31年
藤田嗣雄『明治軍制』信山社、一九九二年
佐々木重蔵『日本軍事法制要綱』改訂版、巌松堂書店、昭和18年
太田公秀『陸軍法規』文芸春秋社、昭和7年
山崎正男「陸軍軍制史梗概」同刊行会『国家総動員史』資料編第九所収、昭和55年
中野登美雄『統帥權の獨立』有斐閣、昭和9年
中野登美雄『戰時の政治と公法』東洋経済出版部、昭和15年
中野登美雄『國防體制法の研究』理想社、昭和20年
藤田嗣雄『軍隊と自由』河出書房、昭和28年

二
池田純久『軍事行政』常盤書房、昭和9年
田上穰治『軍事行政法』新法學全集、日本評論社、昭和13年
中井良太郎『兵役法詳解』織田書店、昭和3年

大久保政徳『兵役法詳解』帝国書房、昭和3年

三

三浦恵一『戒厳令詳論』松山房、昭和7年
日高巳雄『戒厳令解説』良栄堂、昭和17年
鵜飼信成『戒厳令概説』有斐閣、昭和20年

四

井上義行『陸軍刑法釋義』内外兵事新聞局、明治15年
中村有年『海軍刑法註釋』水交社、明治20年
井上義行『陸軍刑法通解』警眼社、明治28年
大山文雄『改正陸軍刑法講義』法令研究会、明治41年
湯原　綱『陸軍刑法講義』大学書房、大正15年
岡村畯兒『陸軍刑法講義』良栄堂、昭和7年
日高巳雄『軍刑法』新法學全集、日本評論社、昭和11年
菅野保之『陸軍刑法原論』第三版、松華堂、昭和17年

五

井上義行『陸軍治罪法釋義』博聞社、明治22年
井上義行『陸軍治罪法通解』警眼社、明治28年
田崎治久『陸軍軍法會議法註解』軍事警察雑誌社、大正10年

富山單治『軍法會議法論』巌松堂書店、大正13年
藤井全之『陸軍軍法會議法講義』大学書房、昭和2年
日高巳雄『陸軍軍法會議法講義』良栄堂、昭和9年
日高巳雄『軍法會議法』新法學全集、日本評論社、昭和11年

六

防衛庁防衛研修所戦史室『海軍軍戦備』朝雲新聞社、昭和50年
防衛庁防衛研修所戦史部『陸軍軍戦備』朝雲新聞社、昭和54年
陸軍省『明治卅七八年戰役陸軍政史』明治44年
陸軍省『陸軍省沿革史』昭和4年
竹内栄喜編『明治軍事史』(復刻)原書房、昭和41年
稲葉正夫編『大本営』みすず書房、昭和42年
秦郁彦編『日本陸海軍総合事典』東京大学出版会、一九九一年
服部雅徳編『陸軍省大日記』大正編、東洋書林、一九九七年〜

＊参照すべき原資料、法令集及び雑誌類には、次のようなものがある。
防衛庁戦史部図書室所蔵「大日記」「公文備考」。国立公文書館所蔵「大政類典」「公文類聚」「公文録」「公文雑纂」「公文別録」。『満洲国政府公報』『満洲国法令輯覧』。

『官報』『法令全書』『法規分類大全』。『陸軍成規類聚』『陸軍成規類聚別冊』。『海軍制度沿革』『海軍

諸例則』『内令提要』。『内外兵事新聞』『偕行社記事』。

（以上）

都市計画法規概説　荒　秀・小高　剛編　五〇〇〇円

行政計画の法的統制　見上　崇洋著　一〇〇〇〇円

大規模施設設置手続の法構造　山田　洋著　一二〇〇〇円

裁判制度 ―やわらかな司法の試み―　笹田　栄司著　二六〇〇円

行政裁判の理論　田中舘　照橘著　一五五三四円

受益者負担制度の法的研究　三木　義一著　五八〇〇円

行政裁量とその統制密度　宮田　三郎著　六〇〇〇円

信山社

著者紹介

1961年　神奈川県に生まれる

1991年　早稲田大学大学院政治学研究科博士課程退学

編　書　伊東巳代治遺稿・大日本帝国憲法衍義（信山社，1994年）

　　　　井上密講述・大日本帝国憲法講義（信山社，2000年）

論文等　貴族院の議員と会派（早稲田政治公法研究・31号，1990年）

　　　　公正会の政務調査とロンドン条約問題（同上・34号，1991年）

　　　　藤田嗣雄著『欧米の軍制に関する研究』解題（信山社，1991年）

　　　　藤田嗣雄著『明治軍制』解題（信山社，1992年）

　　　　尚友倶楽部編『岡部長景日記』解説（柏書房，1993年）

　　　　戒厳・戒厳令・戒厳法――『軍制講義案』補遺――（梧陰文庫研究会研究報告，1996年10月）

　　　　貴族院議員小澤武雄の陸軍中将免官（同上，1997年 6 月）

　　　　陸軍定員令の廃止について（同上，1998年11月）

　　　　織田萬の行政法学（梧陰文庫研究会編『井上毅とその周辺』木鐸社，2000年）

　　　　皇室法研究雑題（梧陰文庫研究会研究報告，2000年11月）

　　　　有賀長雄著『帝室制度稿本』解題（信山社，2001年）

近代日本軍制概説

2003年（平成15年）2 月20日　第 1 版第 1 刷発行

著作者　三《み》　浦《うら》　裕《ゆう》　史《じ》

発行者　今　井　　貴

発行所　信　山　社　出　版

〒113-0033　東京都文京区本郷 6-2-9-102

TEL　03（3818）1019

FAX　03（3818）0344

印刷　エーヴィスシステムズ

製本　大三製本

ISBN 4-7972-2246-8　C3332

索　引

法令類

法令番号類

人　名